国家示范（骨干）高职院校重点建设专业优质核心课程系列教材

PLC 系统安装与调试

主编　刘峰　王莉

U0194814

中国水利水电出版社
www.waterpub.com.cn

内 容 提 要

本书旨在培养应用型技术人才，重点在于应用，以实际操作为指导。读者通过每个项目中的"任务单、方案设计单和评价单"能够清晰看到学习成长过程中的进步与不足。全书共分 5 个项目，分别是：课程引入与知识储备、料仓自动进料控制设计与实现、传送检测系统自动控制设计与实现、电动滑台分拣系统设计与实现、自动分拣系统安装与调试。

本书可作为高职高专院校电气自动化技术、应用电子技术、机电一体化技术、生产过程自动化技术和计算机应用技术等专业的 PLC 课程教材、实训指导书和岗位实习辅助教材，也可作为成人教育教材和电气工程技术人员的参考书。

图书在版编目（CIP）数据

PLC系统安装与调试 / 刘峰，王莉主编. -- 北京：
中国水利水电出版社，2014.3（2021.8 重印）
　国家示范（骨干）高职院校重点建设专业优质核心课
程系列教材
　ISBN 978-7-5170-1764-6

Ⅰ．①P… Ⅱ．①刘… ②王… Ⅲ．①plc技术—高等
职业教育—教材 Ⅳ．①TM571.6

中国版本图书馆CIP数据核字(2014)第038526号

策划编辑：石永峰　　　责任编辑：李 炎　　　封面设计：李 佳

书　　名	国家示范（骨干）高职院校重点建设专业优质核心课程系列教材 PLC 系统安装与调试
作　　者	主编　刘峰　王莉
出版发行	中国水利水电出版社 （北京市海淀区玉渊潭南路 1 号 D 座　100038） 网址：www.waterpub.com.cn E-mail: mchannel@263.net（万水） 　　　　sales@waterpub.com.cn 电话：（010）68367658（发行部）、82562819（万水）
经　　售	北京科水图书销售中心（零售） 电话：（010）88383994、63202643、68545874 全国各地新华书店和相关出版物销售网点
排　　版	北京万水电子信息有限公司
印　　刷	三河市铭浩彩色印装有限公司
规　　格	184mm×260mm　16 开本　11.5 印张　296 千字
版　　次	2014 年 3 月第 1 版　2021 年 8 月第 3 次印刷
印　　数	4001—5000 册
定　　价	25.00 元

凡购买我社图书，如有缺页、倒页、脱页的，本社发行部负责调换

前　　言

　　PLC 是一种以微处理器为基础的通用工业控制装置，它继承了继电器-接触器控制的良好性能，将计算机技术、自动控制技术和通信技术结合为一体，PLC 应用技术是电气自动化、机电一体化、机电设备运行与维护、智能仪器仪表、电厂检测技术等专业的专业核心课程。

　　在本书的编写过程中，我们以理论结合实际、突出训练和培养学生"能够用能力"为指导思想，以项目驱动式教学为主导，体现以技能训练为主线、相关知识和技术支持为支撑的编写思路，较好地处理了理论教学与技能训练的关系，有利于帮助学生掌握知识、形成技能、提高能力。在本书内容的安排上，尽量做到从易到难、循序渐进地进行介绍，并结合工控系统中常用的典型系统作为案例进行设计分析，以提高学生的学习兴趣。

　　本书由黑龙江职业学院刘峰、王莉任主编。全书共分五个项目，每个项目里又分成多个子项目任务。每个子项目之间既相互联系，又相互独立。其中，项目 0、项目 1、项目 2 由王莉编写，项目 3、项目 4 由刘峰编写并统稿。黑龙江职业学院敖冰峰和郑立平教授认真审阅了原稿，并提出了不少的改进意见，对此我们表示衷心感谢。

　　本书在编写过程中参考了很多兄弟院校的优秀资源，编者向收录于书中与参考文献中的资料的各位作者表示真诚的谢意。我们始终抱着严肃、认真的态度编写本书，力求内容准确、完整。由于编者水平有限和时间仓促，书中定有不当之处，恳请读者批评指正。

作　者
2014 年 1 月

目 录

项目 0

课程引入与知识储备

任务 1　认识 PLC

0.1.1　PLC 概述

PLC 在早期是一种开关逻辑控制装置，被称为可编程序逻辑控制器（Programmable Logic Controller），简称 PLC，它在固有的系统程序的支持下，按照"输入采样→用户程序运算→输出刷新"的步骤循环地工作，用于控制机器或生产过程的动作顺序。随着计算机技术和通信技术的发展，PLC 采用微处理器作为其控制核心，功能已不再局限于逻辑控制的范畴。因此，1980 年美国电气制造协会（NEMA）将其命名为 Programmable Controller（PC），但为避免与个人计算机（Personal Computer）的简称 PC 混淆，习惯上仍将其称为 PLC。

追溯 PLC 的发展历史，就不得不提及"GM10 条"——1968 年，美国通用汽车公司（GM）液压部提出 10 项招标指标：

（1）编程简单，可在现场修改和调试程序。

（2）维护方便，采用插入式模块结构。

（3）可靠性高于继电器-接触器控制系统。

（4）与继电器-接触器控制系统相比体积小，能耗低。

（5）能与管理中心计算机系统进行通信。

（6）购买、安装成本可与继电器控制柜相竞争。

（7）采用市电输入（美国标准系列电压值 AC 115 V），可接受现场的开关信号。

（8）采用市电输出（美国标准系列电压值 AC 115 V），具有驱动接触器线圈、电磁阀和小功率电动机的能力。

（9）系统扩展时，原系统只需做很小的改动。

（10）用户程序存储器容量至少 4 KB。

1969 年，美国数字设备公司（DEC）根据上述要求，首先研制出了世界上第一台可编程序控制器 PDP-14，并在通用汽车公司的自动生产线上试用获得成功。从此以后，这项研究技术迅速发展，从美国、日本、欧洲普及到全世界。

国际电工委员会（IEC）于 1982 年 11 月至 1985 年 1 月对可编程序控制器作了如下的定义："可编程序控制器是一种数字运算操作的电子系统，专为在工业环境下应用而设计。它采用可编程序的存储器，用来在其内部存储执行逻辑运算、顺序控制、定时、计数和算术运算等操作的命令，并通过数字式模拟式的输入和输出，控制各种类型的机械或生产过程。可编程序控制器及其有关设备，都应按易于与工业控制系统联成一个整体，易于扩充功能的原则而设计"。

可编程序控制器的出现，立即引起了各国的注意。日本于 1971 年引进可编程序控制器技术；德国于 1973 年引进可编程序控制器技术。中国于 1973 年开始研制可编程序控制器，1977 年应用到生产线上。

0.1.2　PLC 的主要优点和特点

0.1.2.1　PLC 的优点

（1）能适应工程环境要求——PLC "抗扰、抗震、防尘"措施做得比较好。

（2）由程序控制，工作可靠——PLC 平均无故障工作时间长（长达 3 万小时以上）。

（3）通用、经济——PLC 一般由"1 个（独立）主块 $+N$ 个拓展块"叠装或插装而成。

（4）专用性与通用性兼顾——旧程序不能满足新产品生产的控制要求时，可马上换成新程序。

（5）编程简单，可边学边用——调用虚拟继电器的基本图形元素按"拼图"法编写程序。

（6）体积小、功能强、用途广。

0.1.2.2　PLC 的特点

1. 学习 PLC 编程容易

PLC 是面向用户的设备，考虑到现场普通工作人员的知识面及习惯，PLC 可以采用梯形图来编程，这种编程方法形象直观，无需专业的计算机知识和语言，所以普通人可以在很短时间内学会。

2. 控制系统简单，更改容易，施工周期短

PLC 及外围模块品种多，可灵活组合完成各种要求的控制系统。只需要在 PLC 的端子上接入相应的输入输出信号线即可，绝不像传统继电器控制系统那样需要使用大批继电器及电子元件和复杂繁多的硬件接线。对比继电器控制系统，当控制要求改变时，PLC 系统只需用画图的方法把梯形图改画即可，因此 PLC 控制系统施工周期明显缩短，施工工作量也大大减少。

3. 系统维护容易

PLC 具有完善的监控及自诊断功能，内部各种软元件的工作状态可用编程软件进行监控，配合程序针对性编程及内部特有的诊断功能，可以快速准确地找到故障点并及时排除故障。还可配合触摸屏显示故障部位或故障属性，因而大大缩短了维修时间。

0.1.3　PLC 的应用

PLC 的应用非常广泛，如图 0-1 所示，可用于电梯控制、传送带生产线控、木材加工、印刷机械、纺织机械、空调控制及传送带生产线控制等。

0.1.3.1　开关量的逻辑控制

这是 PLC 最基本的应用，用 PLC 取代传统的继电器控制，实现逻辑控制和顺序控制。如机床电气控制，家用电器（电视机、冰箱、洗衣机等）自动装配线的控制，汽车、化工、造纸、轧钢自动生产线的控制等。

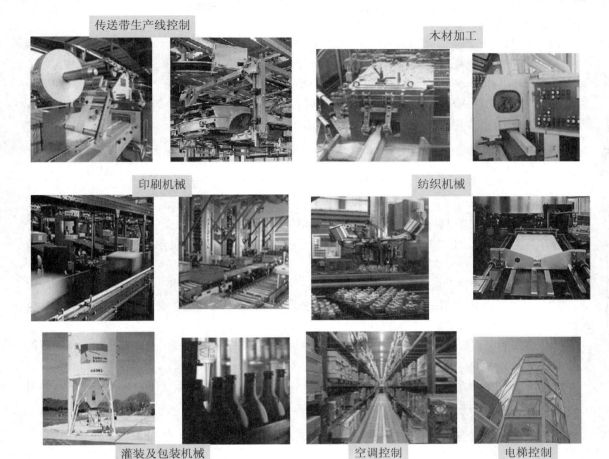

传送带生产线控制

木材加工

印刷机械

纺织机械

灌装及包装机械

空调控制

电梯控制

图 0-1　PLC 的应用举例

0.1.3.2　过程控制

过程控制是指对温度、压力、流量等连续变化的模拟量的闭环控制。PLC 通过模拟量 I/O 模块,实现模拟量(Analog)和数字量(Digital)之间的 A/D 与 D/A 转换,并对模拟量实行闭环 PID(比例-积分-微分)控制。现代的 PLC 一般都有 PID 闭环控制功能,这一功能可以用 PID 功能指令或专用的 PID 模块来实现。其 PID 闭环控制功能已经广泛地应用于塑料挤压成形机、加热炉、热处理炉、锅炉等设备,以及轻工、化工、机械、冶金、电力、建材等行业。

0.1.3.3　运动控制

PLC 使用专用的指令或运动控制模块,对直线运动或圆周运动进行控制,可实现单轴、双轴、三轴和多轴位置控制,使运动控制与顺序控制功能有机地结合在一起。PLC 的运动控制功能广泛地用于各种机械,如金属切削机床、金属成形机械、装配机械、机器人、电梯等场合。

0.1.3.4　数据处理

现代的 PLC 具有数学运算(包括四则运算、矩阵运算、函数运算、字逻辑运算、求反、循环、移位和浮点数运算等)、数据传送、转换、排序和查表、位操作等功能,可以完成数据的采集、分析和处理。这些数据可以与存储在存储器中的参考值比较,也可以用通信功能传送到别的智能装置,或者将它们打印制表。

0.1.3.5 通信联网

通信联网指 PLC 与 PLC 之间、PLC 与上位计算机或其他智能设备（如变频器、数控装置）之间的通信，利用 PLC 和计算机的 RS-232 或 RS-422 接口、PLC 的专用通信模块，用双绞线和同轴电缆或光缆将它们联成网络，实现信息交换，构成"集中管理、分散控制"的多级分布式控制系统，建立自动化网络。

0.1.4 PLC 的分类及编程语言

PLC 已成为工业控制领域中最常用、最重要的控制装置，它代表着一个国家的工业水平。以美国 GM 公司为例，1987 年其工业区安装近 2 万台 PLC、2000 台工业机器人，如果包括智能编程设备在内，总数达 4 万台。至 1990 年上述设备增至 20 万台之多，实现了工厂自动化的全面要求。

世界上生产 PLC 的厂家非常多，其中著名的厂家有美国 AB、日本三菱、德国西门子、法国施耐德等公司。

PLC 通常以输入输出点（I/O）总数的多少进行分类。I/O 点数在 128 点以下为小型机；I/O 点数在 129～512 点为中型机；I/O 点数在 513 点以上为大型机。PLC 的 I/O 点数越多，其存储容量也越大。

PLC 常用的编程语言有梯形图、指令表和 SFC 图。由于梯形图比较直观、容易掌握，因而很受普通技术人员欢迎。

PLC 的常用编程工具有：①手持式编程器，一般供现场调试及修改使用；②个人电脑，利用专用的编程软件进行编程。

0.1.5 PLC 与各类控制系统的比较

0.1.5.1 PLC 与继电器控制系统的比较

传统的继电器控制系统是针对一定的生产机械、固定的生产工艺而设计，采用硬接线方式安装而成，只能完成既定的逻辑控制、定时和计数等功能，即只能进行开关量的控制，一旦改变生产工艺过程，继电器控制系统必须重新配线，因而适应性很差，且体积庞大，安装、维修均不方便。由于 PLC 应用了微电子技术和计算机技术，各种控制功能是通过软件来实现的，只要改变程序，就可适应生产工艺改变的要求，因此适应性强。

0.1.5.2 PLC 与单片机控制系统比较

单片机控制系统仅适用于较简单的自动化项目。硬件上主要受限于 CPU、内存容量及 IO 接口；软件上主要受限于与 CPU 类型有关的编程语言。现代 PLC 的核心就是单片微处理器。虽然用单片机作控制部件在成本方面具有优势，但是从单片机到工业控制装置之间毕竟有一个硬件开发和软件开发的过程。虽然 PLC 也有必不可少的软件开发过程，但两者所用的语言差别很大，单片机主要使用汇编语言开发软件，所用的语言复杂且易出错，开发周期长。而 PLC 用专用的指令系统来编程，简便易学，现场就可以开发调试。比之单片机，PLC 的输入输出端更接近现场设备，不需添加太多的中间部件，这样节省了用户时间和总的投资。一般说来单片机或单片机系统的应用只是为某个特定的产品服务的，与 PLC 相比，单片机控制系统的通用性、兼容性和扩展性都相当差。

0.1.5.3 PLC 与计算机控制系统的比较

PLC 是专为工业控制所设计的。而微型计算机是为科学计算、数据处理等而设计的，尽管两者在技术上都采用了计算机技术，但由于使用对象和环境的不同，PLC 较之微机系统具有面向工业控制、抗干扰能力强、适应工程现场的温度、湿度环境等特性。此外，PLC 使用面向工业控制的专用语言而使编程及修改方便，并有较完善的监控功能。而微机系统则不具备上述特点，一般对运行环境要求苛刻，使用高级语言编程，要求使用者有相当水平的计算机硬件和软件知识。而人们在应用 PLC 时，不必进行计算机方面的专门培训，就能进行操作及编程。

0.1.5.4　PLC 与传统的集散型控制系统的比较

PLC 是由继电器逻辑控制系统发展而来的。而传统的集散控制系统（Distributed Control System，DCS）是由回路仪表控制系统发展起来的分布式控制系统，它在模拟量处理、回路调节等方面有一定的优势。PLC 随着微电子技术、计算机技术和通信技术的发展，无论在功能上、速度上、智能化模块以及联网通信上，都有很大的提高，并开始与小型计算机联成网络，构成了以 PLC 为重要部件的分布式控制系统。随着网络通信功能的不断增强，PLC 与 PLC 及计算机的互联，可以形成更大规模的控制系统，现在各类 DCS 也面临着高端 PLC 的威胁。由于 PLC 的技术不断发展，DCS 过去所独有的一些复杂控制功能现在 PLC 基本上全部具备，且 PLC 具有操作简单的优势，最重要的一点，就是 PLC 的价格和成本是 DCS 系统所无法比拟的。

0.1.6　PLC 控制系统的类型

0.1.6.1　PLC 构成的单机系统

这种系统的被控对象是单一的机器生产或生产流水线，其控制器是由单台 PLC 构成，一般不需要与其他 PLC 或计算机进行通信。但是，设计者还要考虑将来是否联网的需要，如果有的话，应当选用具有通信功能的 PLC。

0.1.6.2　PLC 构成的集中控制系统

这种系统的被控对象通常是数台机器或数条流水线，该系统的控制单元由单台 PLC 构成，每个被控对象与 PLC 指定的 I/O 相连。由于采用一台 PLC 控制，因此，各被控对象之间的数据、状态不需要另外的通信线路。但是一旦 PLC 出现故障，整个系统将停止工作。对于大型的集中控制系统，通常采用冗余系统克服上述缺点。

0.1.6.3　PLC 构成的分布式控制系统

这类系统的被控对象通常比较多，分布在一个较大的区域内，相互之间距离比较远，而且，被控对象之间经常地交换数据和信息。这种系统的控制器采用若干个相互之间具有通信功能的 PLC 构成。系统的上位机可以采用 PLC，也可以采用工控机。PLC 作为一种控制设备，用它单独构成一个控制系统是有局限性的，主要是无法进行复杂运算，无法显示各种实时图形和保存大量历史数据，也不能显示汉字和打印汉字报表，没有良好的界面。这些不足，可以选用上位机来弥补。上位机完成监测数据的存储、处理与输出，以图形或表格形式对现场进行动态模拟显示、分析限值或报警信息，驱动打印机实时打印各种图表。

0.1.7　PLC 的发展趋势

0.1.7.1　高性能、高速度、大容量发展

为了提高 PLC 的处理能力，要求 PLC 具有更好的响应速度和更大的存储容量。目前，有的 PLC 的扫描速度可达 0.1ms/k 步左右。PLC 的扫描速度已成为一个很重要的性能指标。在存储容量方面，有的 PLC 最高可达几十兆字节。为了扩大存储容量，有的公司已使用了磁泡存储器或硬盘。

0.1.7.2　向小型化和大型化两个方向发展

小型 PLC 由整体结构向小型模块化结构发展，使配置更加灵活，为了市场需要已开发了各种简易、经济的超小型微型 PLC，最小配置的 I/O 点数为 8～16 点，以适应单机及小型自动控制的需要。大型化是指大中型 PLC 向大容量、智能化和网络化发展，使之能与计算机组成集成控制系统，对大规模、复杂系统进行综合性的自动控制。现已有 I/O 点数达 14336 点的超大型 PLC，其使用 32 位微处理器，多 CPU 并行工作和大容量存储器，功能强。

0.1.7.3　大力开发智能模块，加强联网与通信能力

为满足各种控制系统的要求，不断开发出许多功能模块，如高速计数模块、温度控制模块、远程 I/O 模块、通信和人机接口模块等。PLC 的联网与通信有两类：① PLC 之间联网通信，各 PLC 生产厂家都有自己的专有联网手段；② PLC 与计算机之间的联网通信。为了加强联网与通信能力，PLC 生产厂家也在协商制订通用的通信标准，以构成更大的网络系统。

0.1.7.4　增强外部故障的检测与处理能力

据统计资料表明：在 PLC 控制系统的故障中，CPU 占 5%，I/O 的接口占 15%，输入设备占 45%，输出设备占 30%，线路占 5%。前两项共 20% 的故障属于 PLC 的内部故障，它可通过 PLC 本身的软、硬件实现检测、处理。而其余 80% 的故障属于 PLC 的外部故障。PLC 生产厂家都致力于研制、发展用于检测外部故障的专用智能模块，进一步提高系统的可靠性。

0.1.7.5　编程语言多样化

在 PLC 系统结构不断发展的同时，PLC 的编程语言也越来越丰富，功能也不断提高。除了大多数 PLC 使用的梯形图、语句表语言外，为了适应各种控制要求，出现了面向顺序控制的步进编程语言、面向过程控制的流程图语言、与计算机兼容的高级语言（BASIC、C 语言等）等。多种编程语言并存、互补与发展是 PLC 进步的一种趋势。

0.1.7.6　与其他工业控制产品更加融合

1. PLC 与 PC 的融合

个人计算机的价格便宜，有很强的数据运算、处理和分析能力。目前个人计算机主要用作可编程控制器的编程器、操作站或人/机接口终端。

2. PLC 与 DCS 的融合

DCS（Distributed Control System）指的是集散控制系统，又叫分布式控制系统，主要用于石油、化工、电力、造纸等流程工业的过程控制。它是用计算机技术对生产过程进行集中监视、操作、管理和分散控制的一种新型控制装置，是由机算机技术、信号处理技术、测量控制技术、通信网络技术和人机接口技术竞相发展、互相渗透而产生的，既不同于分散的仪表控制技术，又不同于集中式计算机控制系统，而是吸收了两者的优点，在它们的基础上发展起来的一门技术。

可编程控制器擅长于开关量逻辑控制，DCS 则擅长于模拟量回路控制，二者相结合，可以优势互补。

3. PLC 与 CNC 的融合

计算机数控（CNC）已受到来自可编程控制器的挑战，可编程控制器已经用于控制各种金属切削机床、金属成形机械、装配机械、机器人、电梯和其他需要位置控制和进度控制的场合。

4. 与现场总线相结合

现场总线（Field Bus）是连接智能现场设备和自动化系统的数字式、双向传输、多分支结构的通信网络，它是当前工业自动化的热点之一。现场总线以开放的、独立的、全数字化的双向多变量

通信代替 0～10MA 或 4～20MA 现场电动仪表信号。现场总线 I/O 集检测、数据处理、通信为一体，可以代替变送器、调节器、记录仪等模拟仪表，它接线简单，只需一根电缆，从主机开始，沿数据链从一个现场总线 I/O 连接到下一个现场总线 I/O。现场总线控制系统将 DCS 的控制站功能分散给现场控制设备，仅靠现场总线设备就可以实现自动控制的基本功能。

可编程控制器与现场总线相结合，可以组成价格便宜、功能强大的分布式控制系统。

5. 通信联网能力增强

可编程控制器的通信联网功能使可编程控制器与个人计算机之间以及与其他智能控制设备之间可以交换数字信息，形成一个统一的整体，实现分散控制和集中管理。可编程控制器通过双绞线、同轴电缆或光纤联网，信息可以传送到几十千米远的地方。可编程控制器网络大多是各厂家专用的，但是它们可以通过主机，与遵循标准通信协议的大网络联网。

任务 2 PLC 的组成及工作原理

0.2.1 PLC 的组成

PLC 型号品种繁多，但实质上都是一种工业控制计算机。它们的组成的一般原理基本相同，都是采用以微处理器为核心式的结构，由中央处理单元（CPU）、存储器（RAM、ROM）、输入/输出接口电器（I/O）、电源和外部设备等组成。S7-200 系列 PLC 硬件结构如图 0-2 所示。

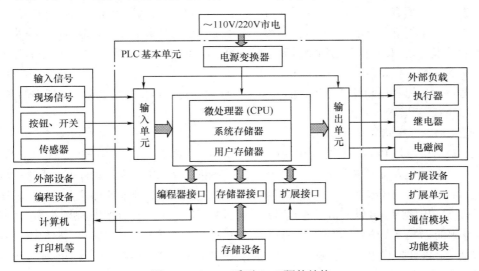

图 0-2　S7-200 系列 PLC 硬件结构

0.2.1.1 CPU

CPU 是 PLC 的运算控制中心，它在系统程序的控制下，完成逻辑运算、数学运算、协调系统内部各部分的工作，CPU 一般由控制器、运算器和寄存器组成，这些电路都集成在一个芯片内。CPU 通过数据总线、地址总线和控制总线与存储单元、输入/输出接口电路连接。西门子提供多种类型的 CPU 以适应各种应用要求。不同类型的 CPU 具有不同的数字量 I/O 点数、内存容量等规格参数。目前提供的 S7-200 CPU 有：CPU221、CPU222、CPU224、CPU226 和 CPU226XM。其具体作用是：

（1）接受、存储用户程序和数据，送入存储器存储。

（2）按扫描工作方式接收来自输入单元的数据和信息，并存入相应的数据存储区（输入映像寄存器）。

（3）执行监控程序和用户程序，完成数据和信息的逻辑处理，产生相应的内部控制信号，完成用户指令规定的各种操作。

（4）根据数据处理的结果，刷新有关标志位的状态和输出映像寄存器表的内容，再经过输出部件实现输出控制、制表打印或数据通信等功能。

0.2.1.2 存储器

存储器用于存放系统程序、用户程序和运行中的数据。包括系统存储器、用户存储器及工作数据存储器 3 种。系统存储器用来存放由 PLC 生产厂家编写的系统程序，并固化在 ROM（只读存储器）内，用户不能直接更改。它使 PLC 具有基本的智能，能够完成 PLC 设计者规定的各项工作。用户存储器包括用户程序存储器（程序区）和功能存储器（数据区）两部分。用户程序存储器用来存放用户针对具体控制任务用规定的 PLC 编程语言编写的各种用户程序。用户程序存储器根据所选用的存储器单元类型的不同，可以是 RAM（用锂电池进行掉电保护）、EPROM 或 EEPROM，其内容可以由用户任意修改和增删。目前较先进的可编程逻辑控制器采用可随时读写的快闪存储器作为用户程序存储器。快闪存储器不需要后备电池，掉电时数据也不会丢失。工作数据存储器用来存储工作数据，即用户程序中使用的 ON/OFF 状态、数值数据等。在工作数据存储器中开辟有元件映像寄存器和数据表。其中，元件映像寄存器用来存储开关量、输出状态以及定时器、计数器、辅助继电器等内部器件的 ON/OFF 状态；数据表用来存放各种数据，它存储用户程序执行时的某些可变参数值及 A/D 转换得到的数字量和数学运算的结果等。在可编程控制器断电时能保持数据的存储器区称为数据保持区。

用户程序存储器和用户存储器容量的大小关系到用户程序容量的大小和内部器件的多少，是反映 PLC 性能的重要指标之一。

0.2.1.3 输入、输出接口

输入、输出接口是 PLC 与外界连接的接口，在 PLC 与被控对象间传递输入/输出信息。在实际生产过程中产生的输入信号多种多样，信号电平各不相同，而 PLC 只能对标准电平进行处理。通过输入接口可以将来自于被控对象的信号转换成 CPU 能够接收和处理的标准电平信号。同样，外部执行元件（如电磁阀、接触器、继电器等）所需的控制信号电平也有差别，也必须通过输出接口将 CPU 输出的标准电平信号转换成这些执行元件所能接收的控制信号。I/O 接口电路还具有良好的抗干扰能力，因此接口电路一般都包含光电隔离电路和 RC 滤波电路，用以消除输入触点的抖动和外部噪声干扰。

总的来说，输入/输出接口主要有两个作用，一是利用内部的光电隔离电路将工业现场和 PLC 内部进行隔离，起保护作用；二是调理信号，可以把不同的信号（如强电、弱电信号）调理成 CPU 可以处理的信号（5V、3.3V 或 2.7V 等）。

1. 输入接口电路

连接到 PLC 输入接口的输入器是各种开关、按钮、传感器等。按现场信号可以接纳的电源类型不同，开关量输入接口电路可分为 3 类：直流输入接口、交流输出接口和交直流输入接口。使用时要根据输入信号的类型选择合适的输入接口。各种 PLC 的输入电路大都相同，输入接口电路结构如

图 0-3 所示，原理图如图 0-4（a）、（b）、（c）所示。光电耦合电路的核心是光电开关电路，由发光二极管及光敏三极管组成，当 PLC 外面开关（现场按钮）接通，指示灯 VD 及光电开关的发光二极管会发光，光敏三极管因基极电流会导通，集电极电平变低，光电耦合电路导通，输入信号送入 PLC 内部电路，CPU 在输入阶段读入数字"1"供用户程序处理，同时 VLED 灯输入指示灯点亮，表示输入端开关接通；如 PLC 外面开关（现场按钮）不接通，因 VD 及光电开关的发光二极管无电流流过而不发光，光敏三极管因无基极电流而截止，集电极输出高电平，光电耦合电路断开，CPU 在输入阶段读入数字"0"供用户程序处理，同时 VLED 灯输入指示灯熄灭，表示输入端开关断开。

图 0-3　输入接口结构

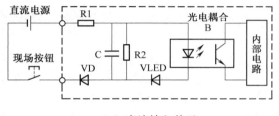

（a）直流输入单元

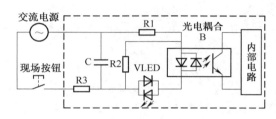

（b）交流输入单元

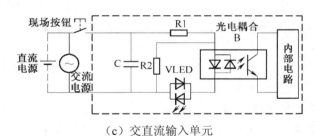

（c）交直流输入单元

图 0-4　输入接口电路图

　　直流输入接口电路所用的电源一般由外部电源供给，交流输入接口电路所用的电源一般由外部电源供给。

　　2．输出接口电路

　　PLC 通过输出接口电路向现场控制对象输出控制信号，结构如图 0-5 所示。按输出开关器件的种类不同，PLC 的输出有 3 种形式，即继电器输出、晶体管输出、晶闸管输出，输出接口的原理图如图 0-6 所示。工作原理是当程序执行完，输出信号由输出映像寄存器送至输出锁存器再经光电耦合控制输出晶体管。当晶体管饱和导通时，LED 指示灯点亮，说明该输出端有输出信号；当晶体管截止断开时，LED 指示灯熄灭，说明该输出端无输出信号。

图 0-5　输出接口结构

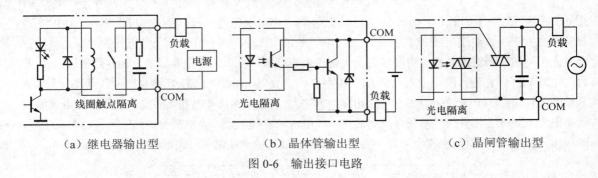

（a）继电器输出型　　　　　　　（b）晶体管输出型　　　　　　　（c）晶闸管输出型

图 0-6　输出接口电路

继电器输出型：负载电流大于 2A，响应时间为 8～10ms，机械寿命大于 10^6 次。根据负载需要可接交流或直流电源。

晶体管输出型：负载电流约为 0.5A，响应时间小于 1ms，电流小于 100μA，最大浪涌电流约为 3A。负载只能选择 36V 以下的直流电源。

晶闸管输出型：一般采用三端双向晶闸管输出，其耐压较高，负载能力大，响应时间为微秒级。但晶闸管输出应用较少。

0.2.1.4　电源

PLC 配有开关式稳压电源模块。电源模块把交流电源转换成供 PLC 的 CPU、存储器等内部电路工作所需要的直流电源，使 PLC 正常工作。PLC 的电源部件有很好的稳压措施，因此对外部电源的稳定性要求不高，一般允许外部电源电压的额定值在+10%～ - 15%的范围内。有些 PLC 的电源部件还能向外提供直流 24V 稳压电源，用于对外部传感器供电。为了防止在外部电源发生故障的情况下 PLC 内部程序和数据等重要信息丢失，PLC 用锂电池作停电时的后备电源。

0.2.1.5　外部设备

编程器是可将用户程序输入 PLC 的存储器。可以用编程器检查程序、修改程序；还可以利用编程器监视 PLC 的工作状态。它通过接口与 CPU 联系，完成人机对话。

编程器一般分简易型和智能型，简易型的编程器只能联机编程，并且往往需要将梯形图转化为机器语言助记符（指令表）后才能输入。它一般由简单的键盘和发光二极管或其他显示器件组成。智能型的编程器又称为图形编程器。它可以联机，也可以脱机编程，具有 LCD 或 CRT 图形显示功能，可以直接输入梯形图以及通过屏幕对话。这里的脱机编程是指在编程时把程序存储在编程器内存储器中的一种编程方式。脱机编程的优点是在编程和修改程序时，可以不影响原有程序的运行。可利用个人计算机作为编程器，这时计算机应配有相应的编程软件包，若要直接与可编程控制器通信，还要配有相应的通信电缆。其他外部设备还有存储器卡、EPROM 写入器、盒式磁带机、打印机等。

0.2.2　PLC 工作原理

PLC 系统通电后，首先进行内部处理，包括：①系统初始化：设置堆栈指针，工作单元清零，初始化编程接口，设置工作标志及工作指针等；②工作状态选择，如编程状态、运动状态等。本节主要讲述 S7-200 是如何工作的。S7-200 CPU 的基本功能就是监视现场的输入信号，根据用户的控制逻辑进行控制运算，输出信号去控制现场设备的运行。

在 S7-200 系统中，逻辑控制由用户编程实现。用户程序要下载到 S7-200 CPU 中执行。S7-200

CPU 按照循环扫描的方式，完成包括执行用户程序在内的各项任务。

S7-200 CPU 周而复始地执行一系列任务。任务执行一次称为一个扫描周期。在一个扫描周期内，CPU 运行如图 0-7 所示。

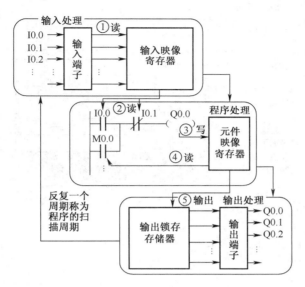

图 0-7　PLC 扫描工作过程

（1）读输入：S7-200 CPU 读取物理输入点上的状态并复制到输入过程映像寄存器中。

（2）执行用户控制逻辑：从头到尾地执行用户程序，一般情况下，用户程序从输入映像寄存器获得外部控制和状态信号，把运算的结果写到输出映像寄存器中，或者存入到不同的数据保存区中。

（3）处理通讯任务。

（4）执行自诊断：S7-200 CPU 检查整个系统是否工作正常。

（5）写输出：复制输出过程映像寄存器中的数据状态到物理输出点。

过程映像寄存器是 S7-200 CPU 中的特殊存储区，专门用于存放物理输入/输出点读取或写到物理输入/输出点的状态。用户程序通过过程映像寄存器访问实际物理输入、输出点，可以大大提高程序执行效率。

为保证某些任务对执行时间的要求，S7-200 也允许用户程序直接访问物理输入、输出点；S7-200 也使用硬件执行诸如高速脉冲、通讯等任务，用户程序通过特殊寄存器控制这些硬件的工作。

S7-200 系列 PLC 有两种操作模式：停止模式和运行模式。CPU 前面板上的 LED 状态显示了当前的操作模式。在停止模式下，S7-200 不执行程序，可以下载程序、数据和 CPU 系统设置。在运行模式下，S7-200 运行程序。

要改变 S7-200 CPU 的操作模式，有以下几种方法：

（1）使用 S7-200 CPU 上的模式开关：开关拨到 RUN 时，CPU 运行；开关拨到 STOP 时，CPU 停止；开关拨到 TERM 时，不改变当前操作模式。如果需要 CPU 在上电时自动运行，模式开关必须在 RUN 位置。

（2）CPU 上的模式开关在 RUN 或 TEMR 位置时，可以使用 STEP 7-Micro/WIN V4.0 版本以上编程软件控制 CPU 的运行和停止。

（3）在程序中插入 STOP 指令，可以在条件满足时将 CPU 设置为停止模式。

0.2.3　S7–200 系列 PLC

0.2.3.1　S7-200 系列 PLC 的结构

S7-200 系列 PLC 外部结构示意图如图 0-8 所示，其实物图如图 0-9 所示。

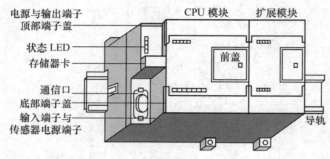

（a）S7-22X 系列

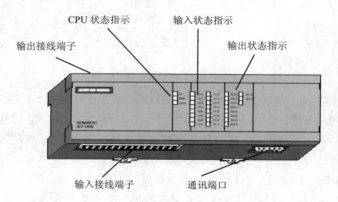

（b）S7-21X 系列

图 0-8　S7-200 系列 PLC 外部结构示意图

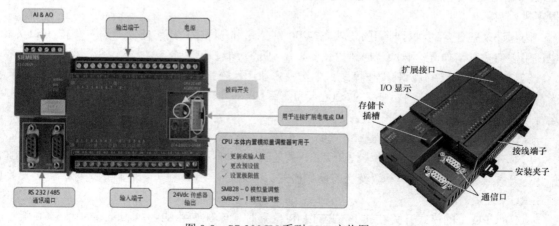

图 0-9　S7-200CN 系列 PLC 实物图

0.2.3.2　S7-200 系列各主机的主要技术性能指标（见表 0-1）

表 0-1　S7-200 主要技术指标

特性	CPU221	CPU222	CPU224	CPU226
外形尺寸（mm）	90×80×62	90×80×62	120.5×80×62	190×80×62
程序存储器 可在运行模式下编辑 不可在运行模式下编辑（B）	4096 4096	4096 4096	8192 12288	16384 24576
数据存储区（B）	2048	2048	8192	10240
掉电保持时间（h）	50	50	100	100
本机 I/O：数字量	6 入/4 出	8 入/6 出	14 入/10 出	24 入/16 出
扩展模块（个）	0	2	7	7
高速计数器 单相 双相	4 路 30kHz 2 路 20kHz	4 路 30kHz 2 路 20kHz	6 路 30kHz 4 路 20kHz	6 路 30kHz 4 路 20kHz
脉冲输出（DC）	2 路 20kHz	2 路 20kHz	2 路 20kHz	2 路 20kHz
模拟电位器	1	1	2	2
实时时钟	配时钟卡	配时钟卡	内置	内置
通信口	1　RS-485	1　RS-485	1　RS-485	2　RS-485
浮点运算	有			
I/O 映像区	256（128 入/128 出）			
布尔指令执行速度	0.22μs/指令			

说明：S7-200 系列 CPU221、222、224 外形尺寸如图 0-10 所示。

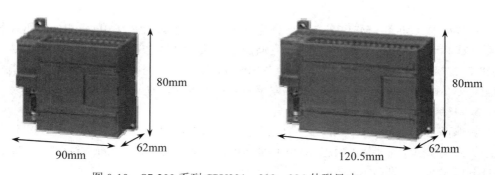

图 0-10　S7-200 系列 CPU221、222、224 外形尺寸

0.2.3.3　S7-200 PLC 的软元件

传统继电器控制系统的各部件的属性与 PLC 系统的软元件有相似之处，单 PLC 的软元件也有很多与传统继电器一样无法实现的功能属性；另外传统继电器控制系统的逻辑串电路功能与 PLC 系统的指令系统也有相似之处，但 PLC 系统的指令系统也有自身特有的方便功能。如果要学习 PLC

编程，首先要详细了解各软元件的属性，再学习系统指令，然后按照控制对象的动作过程进行逻辑构思编程。

1. 输入映像寄存器

输入映像寄存器被 PLC 用来接收用户设备发来的输入信号，用"I"来表示。输入映像寄存器与 PLC 的输入点相连，如图 0-11（a）所示。编程时应注意，输入映像寄存器的线圈必须由外部信号来驱动，不能在程序内部用指令来驱动。因此，在程序中输入映像寄存器只有触点，而没有线圈。输入映像寄存器地址的编号范围为 I0.0～I15.7，共 128 位。I、Q、V、M、SM、L 均可以按字节、字、双字存取。

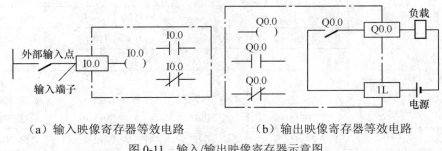

（a）输入映像寄存器等效电路　　　（b）输出映像寄存器等效电路

图 0-11　输入/输出映像寄存器示意图

2. 输出映像寄存器

输出映像寄存器用来存放 CPU 执行程序的数据结果，并在输出扫描阶段将输出映像寄存器的数据结果传送给输出模块，再由输出模块驱动外部的负载，如图 0-11（b）所示。若梯形图中 Q0.0 的线圈通电，对应的硬件继电器的常开触点闭合，使接在标号 Q0.0 端子的外部负载通电，反之则外部负载断电。在梯形图中每一个输出映像寄存器动合和动断触点可以多次使用。

3. 变量存储器

变量存储器用来在程序执行过程中存放中间结果，或者用来保存与工序或任务有关的其他数据。

4. 位存储器

位存储器（M0.0～M31.7）类似于继电器-接触器控制系统中的中间继电器，用来存放中间操作状态或其他控制信息。虽然名为"位存储器"，但是也可以按字节、字、双字来存取。S7-200 系列 PLC 的 M 存储区只有 32 个字节（即 MB0～MB29）。如果不够用可以用 V 存储区来代替 M 存储区。可以按位、字节、字、双字来存取 V 存储区的数据，如 V10.1、VB0、VW100、VD200 等。

5. 特殊存储器

特殊存储器用于 CPU 与用户之间交换信息，例如 SM0.0 一直为 1 状态，SM0.1 仅在执行用户程序的第一个扫描周期为 1 状态。SM0.4 和 SM0.5 分别提供周期为 1min 和 1s 的时钟脉冲。SM1.0、SM1.1 和 SM1.2 分别为零标志位、溢出标志和负数标志。

6. 顺序控制继电器

顺序控制继电器又称状态组件，与顺序控制继电器指令配合使用，用于组织设备的顺序操作，以实现顺序控制和步进控制。可以按位、字节、字或双字来取 S 位，编址范围 S0.0～S31.7。

7. 局部变量存储器

S7-200 PLC 有 64 个字节的局部变量存储器，编址范围为 LB0.0～LB63.7，其中 60 个字节可以用作暂时存储器或者给子程序传递参数。局部变量存储器和变量存储器很相似，主要区别在于局部变量存储器是局部有效的，变量存储器则是全局有效。全局有效是指同一个存储器可以被任何程序（如主程序、中断程序或子程序）存取，局部有效是指存储区和特定的程序相关联。

8. 定时器

PLC 中定时器相当于继电器系统中的时间继电器，用于延时控制。S7-200 PLC 有 3 种定时器，它们的时基增量分别为 1ms、10ms 和 100ms，定时器的当前值寄存器是 16 位有符号整数，用于存储定时器累计的时基增量值（1～32767）。定时器的地址编号范围为 T0～T255，它们的分辨率和定时范围各不相同，用户应根据所用 CPU 型号及时基，正确选用定时器编号。

9. 计数器

计数器主要用来累计输入脉冲个数，其结构与定时器相似，其设定值在程序中赋予。CPU 提供了 3 种类型的计数器——加计数器、减计数器和加/减计数器。计数器的当前值为 16 位有符号整数，用来存放累计的脉冲数（1～32767）。计数器的地址编号范围为 C0～C255。

10. 累加器

累加器是用来暂存数据的寄存器，可以同子程序之间传递参数，以及存储计算结果的中间值。S7-200 CPU 中提供了 4 个 32 位累加器 AC0～AC3。累加器支持以字节、字和双字存取。按字节或字为单位存取时，累加器只使用低 8 位或低 16 位，数据存储长度由所用指令决定。

11. 高速计数器

CPU224 PLC 提供了 6 个高速计数器（每个计数器最高频率为 30kHz）用来累计比 CPU 扫描速率更快的事件。高速计数器的当前值为双字长的符号整数，且为只读值。高速计数器的地址由符号 HC 和编号组成，如 HC0、HC1、…、HC5。

12. 模拟量输入映像寄存器

模拟量输入映像寄存器用于接收模拟量输入模块转换后的 16 位数字量，其地址编号为 AIW0、AIW2、…。模拟量输入映像寄存器 AI 为只读数据。

13. 模拟量输出映像寄存器

模拟量输出映像寄存器用于暂存模拟量输出模块的输入值，该值经过模拟量输出模块（D/A）转换为现场所需的标准电压或电流信号，其地址编号以偶数表示，如 AQW0、AQW2、…。模拟量输出值是只写数据，用户不能读取模拟量输出值。

0.2.3.4　S7-200 PLC 的寻址方式

1. 编址方式

在计算机中使用的数据均为二进制数，二进制数的基本单位是 1 个二进制位，8 个二进制位组成 1 个字节，2 个字节组成一个字，2 个字组成一个双字。存储器的单位可以是位、字节、字、双字，编址方式也可以是位、字节、字、双字。存储单元的地址由区域标识符、字节地址和位地址组成。

位编址：寄存器标识符+字节地址+位地址，如 I0.1、M0.0、Q0.3 等。

字节编址：寄存器标识符+字节长度（B）+字节号，如 IB0、VB10、QB0 等。

字编址：寄存器标识符+字长度（W）+起始字节号，如 VW0 表示 VB0、VB1 这两个字节组成的字。

双字编址：寄存器标识符+双字长度（D）+起始字节号，如 VD20 表示由 VW20、VW21 这两个字组成的双字或由 VB20、VB21、VB22、VB23 这 4 个字节组成的双字。

字节、字、双字的编址方式如图 0-12 所示。

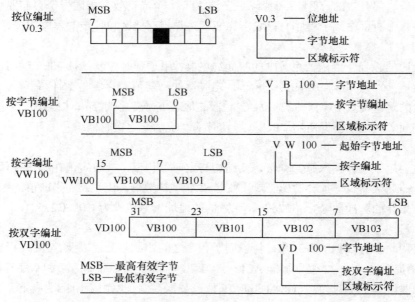

图 0-12　字节、字、双字的编址方式

2. 寻址方式

S7-200 系列 PLC 指令系统的寻址方式有立即寻址、直接寻址和间接寻址。

立即寻址：对立即数直接进行读写操作的寻址方式称为立即寻址。立即数寻址的数据在指令中以常数形式出现，常数的大小由数据的长度（二进制数的位数）决定。不同数据的取值范围如表 0-2 所示。

表 0-2　数据大小范围及相关整数范围

数据大小	无符号数范围		有符号数范围	
	十进制	十六进制	十进制	十六进制
字节（8 位）	0～255	0～FF	-128～+127	80～7F
字（16 位）	0～65535	0～FFFF	-32768～+32768	8000～7FFF
双字（32 位）	0～4294967295	0～FFFFFFFF	-2147483648～+2147483647	800000000～7FFFFFFF

S7-200 系列 PLC 中，常数值可为字节、字、双字，存储器以二进制方式存储所有常数。指令中可用二进制、十进制、十六进制或 ASCII 码形式来表示常数，其具体格式为：

● 二进制格式：在二进制数前加 2#表示，如 2#1010。

● 十进制格式：直接用十进制数表示，如 12345。

● 十六进制格式：在十六进制数前加 16#表示，如 16#4E4F。

● ASCII 码格式：用单引号加 ASCII 码文本表示，如'GOOD BY'。

直接寻址：是指在指令中直接使用存储器的地址编号，直接到指定的区域读取或写入数据，如 I0.1、MB10、VW200 等。

间接寻址：S7-200 CPU 允许用指针对下述存储区域进行间接寻址：I、Q、V、M、S、AI、AQ、

T（仅当前值）和 C（仅当前值）。间接寻址不能用于位地址、HC 或 L。在使用间接寻址之前，首先要创建一个指向该位置的指针，指针为双字值，用来存放一个存储器的地址，只能用 V、L 或 AC 做指针。

建立指针时必须用双字传送指令（MOVD）将需要间接寻址的存储器地址送到指针中，如"MOVD&VB200,AC1"。指针也可以为子程序传递参数。&VB200 表示 VB200 的地址，而不是 VB200 中的值，该指令的含义是将 VB200 的地址送到累加器 AC1 中。

指针建立好后，可利用指针存取数据。用指针存取数据时，在操作数前加"*"号，表示该操作数为 1 个指针，如"MOVW *AC1, AC0"表示将 AC1 中的内容为起始地址的一个字长的数据（即 VB200、VB201 的内容送到 AC0 中，传送示意图见图 0-13）。S7-200 系列 PLC 的存储器寻址范围如表 0-3 所示。

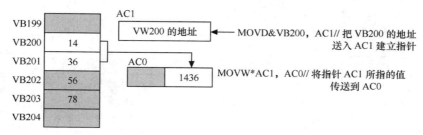

图 0-13　使用指针的间接寻址

表 0-3　S7-200 系列 PLC 的存储器寻址范围

寻址方式	CPU221	CPU222	CPU224	CPU224XP	CPU226
位存储（字节、位）	I0.0～I15.7　Q0.0～Q15.7　M0.0～M31.7　T0～T255　C0～C255　L0.0～L59.7				
	V0.0～V2047.7		V0.0～8191.7	V0.0～V10239.7	
	SM0.0～SM179.7	SM0.0～SM199.7	SM0.0～SM549.7		
字节存取	IB0～IB15　QB0～QB15　MB0～MB31　SB0～SB31　LB0～LB59　AC0～AC3				
	VB0～VB2047		VB0～VB8191	VB0～VB10239	
	SMB0.0～SMB179	SMB0.0～SMB279	SMB0.0～SMB549		
字存取	IW0～IW14　QW0～QW14　MW0～MW30　SW0～SW30				
	T0～T255　C0～C255　LW0～LW58　AC0～AC3				
	VW0～SMW178		VW0～VW8190	VW0～VW10238	
	SMW0～SMW178	SMW0～SMW298	SMW0～SMW548		
	AIW0～AIW30	AQWO～AQW30	AIW0～AIW62	AQW0～AQW30	
双字存取	ID0～ID2044　QD0～QD12　MD0～MD28　SD0～SD28　LD0～LD56　AC0～AC3				
	VD0～VD2044		VD0～VD8188	VD0～VD10236	
	SMD0～SMD176	SMD0～SMD296	SMD0～SMD546		

0.2.4　PLC 的扩展模块

S7-200 系列 PLC 模拟量 I/O 模块具有较大的适应性，可以直接与传感器相连，并具有很大的灵活性，且安装方便。

0.2.4.1　模拟量输入模块

模拟量输入模块（EM231）具有 4 路模拟量输入，输入信号可以是电压，也可以是电流，其输入与 PLC 隔离，输入信号的范围可以由 SW1、SW2 和 SW3 设定。具体技术性能如表 0-4 所示。

表 0-4　EM231 的技术性能

型号	EM231 模拟量输入模块			
总体特性	外形尺寸：×× 功耗：3W			
输入特性	本机输入：4 路模拟量输入 电源电压：标准 DC 24V/4mA 输入类型：0～10V、0～5V、±5V、±2.5V、0～20mA 分辨率：12bit 转换速度：250μs 隔离：有			
耗电	从 CPU 的 DC 5V（I/O 总线）耗电 10mA			
开关设置	SW1 ON ON OFF OFF	SW2 OFF ON OFF ON	SW3 ON OFF ON OFF	输入类型 0～10V 0～5V 或 0～20mA ±5V ±2.5V
接线端子	M 为 DC24 电源负极端，L+为电源正极端 RA、A+、A-；RB、B+、B-；RC、C+、C-；RD、D+、D-分别为 1～4 路模拟量输入端 电压输入时，"+"为电压正端，"-"为电压负端 电流流入时，需将"R"与"+"短接后作为电流的流入端，"-"为电流流出端			

图 0-14 是 EM231 模拟量输入模块的接线，模块上部共有 12 个端子，每 3 个点为一组（例如 RA、A+、A-）可作为一路模拟量的输入通道，共 4 组，对应电压信号只用两个端子（见图 0-14 中的 A+、A-），电流信号需用 3 个端子（见图 0-14 中的 RC、C+、C-），其中 RC 与 C+端子短接。对于未用的输入通道应短接（见图 0-14 中的 B+、B-）。模块下部左端 M、L+两端应接入 DC24V 电源，右端分别是校准电位器和配置设定开关（DIP）。

模拟量输入模块的分辨率通常以 A/D 转换后的二进制数字量的位数来表示，模拟量输入模块（EM231）的输入信号经 A/D 转换后的数字量数据值是 12 位二进制数。数据值的 12 位在 CPU 中的存放格式如图 0-15 所示。最高有效位是符号位：0 表示正值数据，1 表示负值数据。

1. 单极性数据格式

对于单极性数据，其两个字节的存储单元的低 3 位均为 0，数据值的 12 位（单极性数据）是存放在 3～14 位区域。这 12 位数据的最大值应为 $2^{15} - 8 = 32760$。EM231 模拟量输入模块 A/D 转换后的单极性数据格式的全量程范围设置为 0～32000。差值 32760-32000=760 则用于偏置/增益，由系统完成。第 15 位为 0，表示正值数据。

2. 双极性数据格式

对于双极性数据，存储单元（两个字节）的低 4 位均为 0，数据值的 12 位（双极性数据）是存放在 4～15 位区域。最高有效位是符号位，双极性数据格式的全量程范围设置为-32000～+32000。

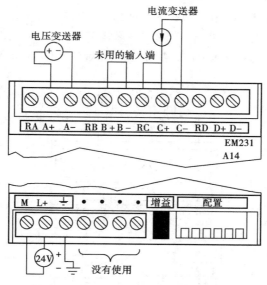

图 0-14　EM231 模拟量输入模块的接线

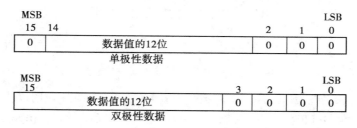

图 0-15　EM231、EM235 输入数据格式

0.2.4.2　模拟量输出模块

模拟量输出模块（EM232）具有两个模拟量输出通道。每个输出通道占用存储器 AQ 区域两个字节。该模块输出的模拟量可以是电压信号，也可以是电流信号。其技术性能如表 0-5 所示。

表 0-5　EM232 的技术性能

型号	EM232 模拟量输出模块
总体特性	外形尺寸：×× 功耗：3W
输出特性	本机输出：2 路模拟量输出 电源电压：标准 DC 24V/4mA 输出类型：±10V、0～20mA 分辨率：12bit 转换速度：100μs（电压输出），2ms（电流输出） 隔离：有
耗电	从 CPU 的 DC 5V（I/O 总线）耗电 10mA
接线端子	M 为 DC24 电源负极端，L+ 为电源正极端 MO、VO、IO；M1、V1、I1 分别为第 1、2 路模拟量输出端 电压输出时，"V" 为电压正端，"M" 为电压负端 电流输出时，"I" 为电流流入端，"M" 为电流流出端

图 0-16 所示为 EM232 模拟量输出模块端子的连线。模块上部有 7 个端子，左端起的每 3 个点为一组，作为一路模拟量输出，共两组。第一组 V0 端接电压负载，I0 端接电流负载，M0 为公共端。第二组 V1、I1、M1 的接法与第一组类似。输出模块下部 M、L+两端接入 DC 24V 供电电源。

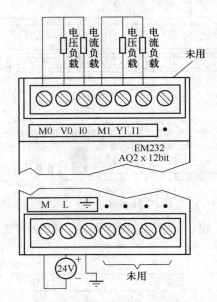

图 0-16　EM232 模拟量输出模块端子接线

模拟量输出模块的分辨率通常以 D/A 转换前待转换的二进制数字量的位数表示，PLC 运算处理后的 12 位数字量信号（BIN 数）在 CPU 中存放的格式如图 0-17 所示。最高有效位是符号位：0 表示正值数据，1 表示负值数据。

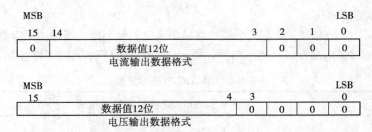

图 0-17　EM231、EM235 输出数据格式

1．电流输出数据的格式

对于电流输出的数据，其两个字节的存储单元的低 3 位均为 0，数据值的 12 位是存放在 3～14 位区域。电流输出数据格式为 0～+32000。第 15 位为 0，表示正值数据。

2．电压输出数据的格式

对于电压输出的数据，其两个字节的存储单元的低 4 位均为 0，数据值的 12 位是存放在 4～15 位区域。电压输出数据的格式为-32000～+32000。

0.2.4.3　模拟量输入输出模块

EM235 具有 4 路模拟量输入，它的输入信号可以是不同量程的电压或电流。其电压、电流的量程由开关 SW1～SW6 设定。EM235 有 1 路模拟量输出，其输出可以是电压，也可以是电流。EM235

的技术性能如表 0-6 所示。

表 0-6　EM235 的技术性能

型号	EM235 模拟量混合模块					
总体特性	外形尺寸：×× 功耗：3W					
输入特性	本机输入：4 路模拟量输入 电源电压：标准 DC 24V/4mA 输入类型：0-50mV、0-100mV、0-500mV、0-1V、0-5V、0-10V、0-20mA、±25mV、±50mV、±100mV、±250mV、±500mV、±1V、±2.5V、±5V、±10V 分辨率：12bit 转换速度：250μs 隔离：有					
输出特性	本机输出：1 路模拟量输出 电源电压：标准 DC 24V/4mA 输出类型：±10V、0～20mA 分辨率：12bit 转换速度：100μs（电压输出），2ms（电流输出） 隔离：有					
耗电	从 CPU 的 DC 5V（I/O 总线）耗电 10mA					
型号	EM235 模拟量混合模块					
开关设置	SW1	SW2	SW3	SW4	SW5	SW6	输入类型

	SW1	SW2	SW3	SW4	SW5	SW6	输入类型
开关设置	ON	OFF	OFF	ON	OFF	ON	0-50mV
	OFF	ON	OFF	ON	OFF	ON	0-100mV
	ON	OFF	OFF	OFF	ON	ON	0-500mV
	OFF	ON	OFF	OFF	ON	ON	0-1V
	ON	OFF	OFF	OFF	OFF	ON	0-5V
	ON	OFF	OFF	OFF	OFF	ON	0-20mA
	OFF	ON	OFF	OFF	OFF	ON	0-10V
	ON	OFF	OFF	ON	OFF	OFF	±25mV
	OFF	ON	OFF	ON	OFF	OFF	±50mV
	OFF	OFF	ON	ON	OFF	OFF	±100mV
	ON	OFF	OFF	OFF	ON	OFF	±250mV
	OFF	ON	OFF	OFF	ON	OFF	±500mV
	OFF	OFF	ON	OFF	ON	OFF	±1V
	ON	OFF	OFF	OFF	OFF	OFF	±2.5V
	OFF	ON	OFF	OFF	OFF	OFF	±5V
	OFF	OFF	ON	OFF	OFF	OFF	±10V

型号	EM235 模拟量混合模块
接线端子	M 为 DC24 电源负极端，L+为电源正极端 MO、VO、IO 为模拟量输出端 电压输出时，"V0"为电压正端，"M0"为电压负端 电流输出时，"I0"为电流流入端，"M0"为电流流出端 RA、A+、A–；RB、B+、B–；RC、C+、C–；RD、D+、D–分别为 1～4 路模拟量输入端 电压输入时，"+"为电压正端，"–"为电压负端 电流流入时，需将"R"与"+"短接后作为电流的流入端，"–"为电流流出端

0.2.5　PLC 的外部接线

外部端子是 PLC 输入、输出及外部电源的连接点。CPU224 AC/DC/RLY 型 PLC 外部端子如图 0-18 所示。型号中用斜线分隔的三部分分别表示 PLC 供电电源的类型、输入端口的电源类型及输出端口器件的类型，RLY 表示输出类型为继电器。

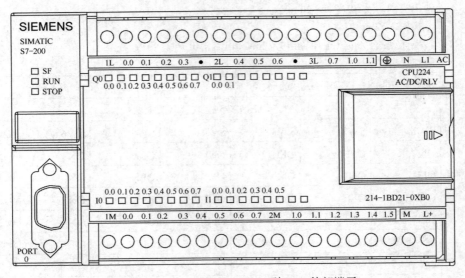

图 0-18　CPU224 AC/DC/RLY 型 PLC 外部端子

0.2.5.1　底部端子（输入端子及传感器电源）

L+：内部 24V DC 电源正极，为外部传感器或输入继电器供电。

M：内部 24V DC 电源负极，接外部传感器负极或输入继电器公共端。

1M、2M：输入继电器的公共端口。

I0.0～I1.5：输入继电器端子，输入信号的接入端。

输入继电器用"I"表示，S7-200 系列 PLC 共 128 位，采用八进制（I0.0～I0.7，I1.0～I1.7，…，I15.0～I15.7）。

0.2.5.2　顶部端子（输出端子及供电电源）

直流电源供电：L+、M、$\perp$分别表示电源正极、电源负极和接地。直流电压为 24V，如图 0-19（a）所示。

交流电源供电：L1、N、⏚分别表示电源相线、中线和接地线。交流电压为 85～265V，如图 0-19（b）所示。

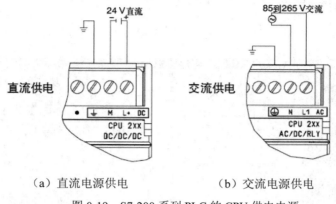

（a）直流电源供电　　　　　　　（b）交流电源供电

图 0-19　S7-200 系列 PLC 的 CPU 供电电源

任务 3　PLC 编程软件

STEP 7-Micro/WIN V4.0 编程软件是 S7-200 系列 PLC 专用的编程、调试和监控软件，其编程界面和帮助文档大部分已汉化，为用户实现、开发、编程和监控提供了良好的界面。STEP 7-Micro/WIN V4.0 编程软件为用户提供了 3 种程序编辑器：梯形图、指令表和功能块图，同时还提供了完善的在线帮助功能，非常方便用户获取需要帮助的信息。下面逐一介绍各种常用功能的使用办法。

0.3.1　准备工作

0.3.1.1　编程软件的安装

（1）必须使用具有 Windows 95 以上操作系统的计算机。

（2）具备下列设备之一：一根 PC/PPI 电缆、一个插在计算机中的 CP5511、CP5611 通信卡和多点接口 MPI 电缆、或一块 MPI 卡和配套的电缆。

（3）最新的 STEP 7-Micro/WIN 编程软件有 V4.0 版，读者可以在 http://www.ad.siemens.com.cn 进行下载并安装。

（4）双击 STEP 7-Micro/WIN 编程软件的安装程序 setup.exe 图标，根据安装提示完成安装。进入安装程序时选择英语作为安装过程中使用的语言。

（5）完成安装后，用菜单命令"Tools（工具）"→"Options（选项）"，打开"Options（选项）"对话框，选择"General（一般）"→"Chinese（中文）"，然后点击 OK 按钮，重新打开编程软件的界面就是中文界面了，如图 0-20 所示。

0.3.1.2　通信准备

计算机与 S7-200 系列 PLC 的连接如图 0-21 所示，连接方法如下所述。

把 PC/PPI 电缆的"PC" RS-232 端连接到计算机的 RS-232 通信口，可以是 COM1 或 COM2 中的任一个。把"PPI" RS-485 端连接到 PLC 的任一 RS-485 通信口，然后拧紧连接螺钉。设置

PC/PPI 电缆上的 DIP 开关，选定计算机所支持波特率和帧模式。用 DIP 的开关 1、2、3 设定波特率(一般默认值为 9.6kb/s)。开关 4 用来选择 10 和 11 位数据传输模式。开关 5 用来选择将 RS-232 口设置为数据通信设备（DCE）模式或数据终端设备（DTE）模式。

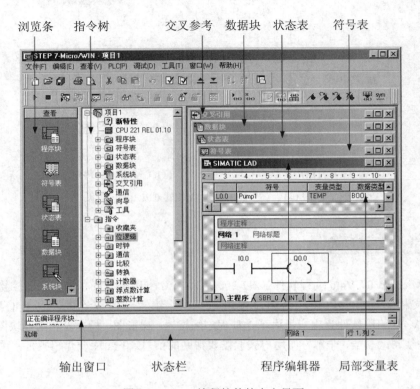

图 0-20　PLC 编程软件的中文界面

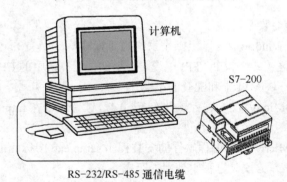

图 0-21　计算机与 S7-200 系列 PLC 的连接

0.3.1.3　通信参数设置

首次连接计算机和 PLC 时，要设置通信参数。设置的目的是增加使用 PC/PPI cable 电缆项。

（1）在 STEP 7-Micro/WIN V4.0 软件中文主界面上单击"通信"图标█，则出现一个"通信"对话框，通信地址未设置时出现一个问号，如图 0-22 所示。

（2）单击"设置 PG/PC 接口"按钮，出现"Set　PG/PC Interface"对话框，如图 0-23 所示，

拖动滑块查看默认的通信器件栏中有没有 PC/PPI cable（电缆）项。

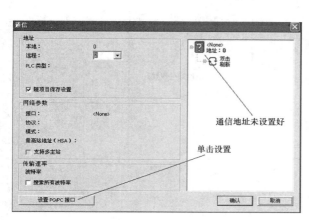

图 0-22　"通信"对话框

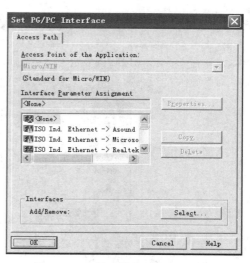

图 0-23　"设置通信器件"对话框

（3）单击"SELECT"（选择）按钮，出现"Install/Remove Interface（安装/删除通信器件）"对话框，如图 0-24 所示。

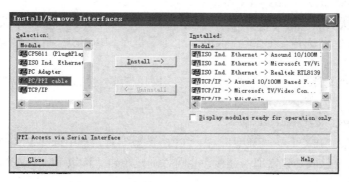

图 0-24　"安装/删除通信器件"对话框

（4）在"Selection（选择）"框中选中 PC/PPI cable，单击"Install（安装）"按钮，PC/PPI cable 出现在右侧"Installed（已安装）"框内，如图 0-25 所示。

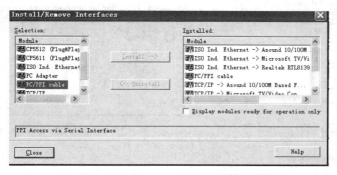

图 0-25　已安装 PC/PPI cable（通信电缆）

（5）单击 Close 按钮，再单击 OK 按钮，显示通信地址已设置好，如图 0-26 所示。

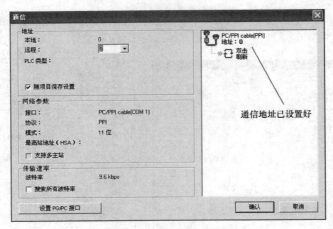

图 0-26　已设置好通信地址

0.3.2　编程软件 STEP 7–Micro/WIN V4.0 的使用

0.3.2.1　建立和保存项目

运行编程软件 STEP 7-Micro/WIN V4.0 后，在中文主界面中单击菜单栏中"文件"→"新建"，创建一个新项目。新建项目包含程序块、符号表、状态表、数据块、系统块、交叉引用和通信等相关块。其中，程序块中默认有一个主程序 OB1、一个子程序 SBR0 和一个中断程序 INT0，如图 0-27 所示。

单击菜单栏中"文件"→"保存"，指定文件名和保存路径后，单击"保存"按钮，文件以项目形式保存。

0.3.2.2　选择 PLC 类型和 CPU 版本

单击菜单栏中的"PLC"→"类型"，在"PLC 类型"对话框中选择 PLC 类型和 CPU 版本，如图 0-28 所示。如果已成功建立通信连接，也可以通过单击"读取 PLC"按钮的方法来读取 PLC 类型和 CPU 版本号。

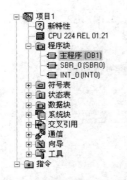

图 0-27　新建项目的结构

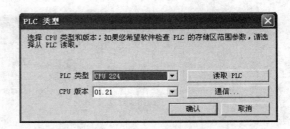

图 0-28　选择 PLC 类型和 CPU 版本

0.3.2.3　输入指令的方法

在梯形图编辑器中有 4 种输入程序指令的方法：双击指令图标、拖拽指令图标、使用指令工具栏编程按钮和特殊功能键（F4、F6、F9）。选中程序网络 1，单击指令树中"位逻辑"指令图标，如图 0-29 所示。

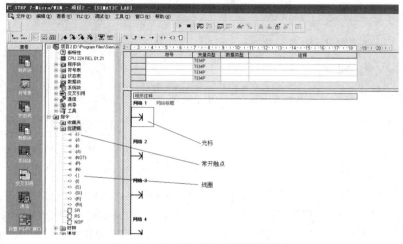

图 0-29　打开指令树中位逻辑指令

0.3.2.4　使用指令树指令图标输入指令

（1）双击（或拖拽）动合触点图标，在网络 1 中出现动合触点符号，如图 0-30（a）所示。

（2）在"??.?"框中输入"I0.5"，按 Enter 键，光标自动跳到下一列，如图 0-30（b）所示。

（3）双击（或拖拽）线圈图标，在"??.?"框中输入"Q0.2"，按 Enter 键，程序输入完毕，如图 0-30（c）所示。

（a）编辑触点　　　　　（b）输入触点　　　　　（c）编辑线圈

图 0-30　使用指令树指令图标输入指令

0.3.2.5　使用指令工具栏编程按钮输入指令

也可以单击指令工具栏程序按钮输入程序，指令工具栏编程按钮如图 0-31 所示。

0.3.2.6　查看指令表

单击菜单栏中"查看"→"STL"，则从梯形图编辑界面自动转到指令表编辑界面，如图 0-32 所示。如果熟悉指令的话，也可以在指令表编辑界面中编写用户程序。

0.3.2.7　程序编译

用户程序编辑完成后，必须编译成 PLC 能够识别的机器指令，才能下载到 PLC。单击菜单栏中"PLC"→"编译"，开始编译机器指令。编译结束后，在输出窗口显示结果信息，如图 0-33 所示。纠正编译中出现的所有错误后，编译才算成功。

0.3.2.8　程序下载

计算机与 PLC 建立了通信连接并且编译无误后，可以将程序下载到 PLC 中。下载时 PLC 状态开关应拨到 STOP 位置或单击工具栏■按钮。如果状态开关在其他位置,程序会询问是否转到 STOP 状态。

图 0-31 指令工具栏编程按钮　　图 0-32 指令表编辑界面　　图 0-33 在输出窗口显示编译结果

单击菜单栏中"文件"→"下载",或单击工具栏 ▼ 按钮,在如图 0-34 所示的"下载"对话框中选择是否下载程序块、数据块和系统块等(通常若程序中不包含数据块或更新系统,只选择下载程序块)。单击"下载"按钮,开始下载程序。下载是从编程计算机将程序装入 PLC;上传则相反,是将 PLC 中存储的程序上传到计算机。

0.3.2.9　运行操作

程序下载到 PLC 后,将 PLC 状态开关拨到 RUN 位置或单击工具栏▶按钮,按下连接 I0.5 的按钮,则输出端 Q0.2 通电;松开此按钮,Q0.2 断电,实现了点动控制功能。

0.3.2.10　程序运行监控

单击程序菜单栏中"调试"→"开始程序状态监控",未接通的触点和线圈以灰白色显示,通电的触点和线圈以蓝色块显示,并且出现"ON"字符,如图 0-35 所示。

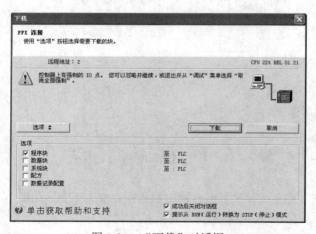

图 0-34　"下载"对话框

图 0-35　程序状态监控图

至此,完成了一个程序的编辑、写入、程序运行、操作和监控过程。如果需要保存程序,可单击程序菜单栏中"文件"→"保存",选择保存路径和文件名即可。

项目 1
料仓自动进料控制设计与实现

任务 1　进料气缸双向电磁阀控制设计与实现

1.1.1　任务要求

1.1.1.1　项目说明

井道式料仓采用双作用气缸，配合落料监测开关，实现目标工件的自动连续供料。系统结构如图 1-1 所示。

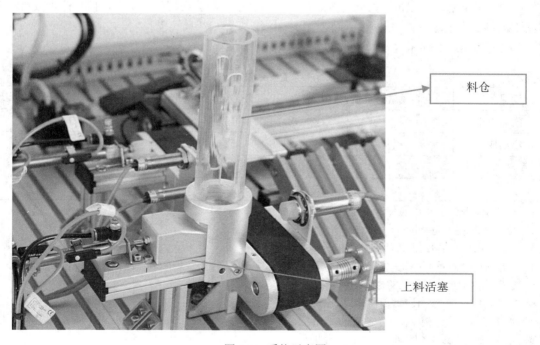

图 1-1　系统示意图

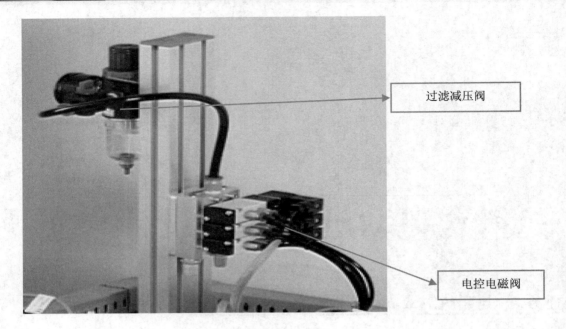

过滤减压阀

电控电磁阀

图 1-1　系统示意图（续图）

1.1.1.2　任务导入

应用 PLC 技术实现生产线自动供料。

1.1.1.3　甲方要求

（1）用起动和停止按钮控制电控电磁阀打开和关闭。

（2）按下起动按钮，电磁阀打开时活塞将料仓中的物料送到传送带上，按下停止按钮，关闭电磁阀活塞退回原位。

（3）用指示灯显示电磁阀工作状态。

【任务单】

项目名称	料仓自动进料控制设计与实现	任务名称	进料气缸双向电磁阀控制设计与实现
学习小组		指导教师	
小组成员			
工作任务			
任务要求			

1. 对控制系统进行正确的分析，确定 PLC 的 I/O 分配；

2. 绘制 PLC 控制电路图；

3. 完成 PLC 控制电路的接线安装；

4. 按照控制要求编写控制程序；

5. 根据基本指令编写相应的梯形图程序；

6. 能够熟练把梯形图转换为语句表；

7. 能够将程序输入 PLC；

8. 完成 PLC 控制系统的调试、运行和分析

工作过程
1．任务分析，获得相关资料和信息；
2．方案设计，讨论设计出硬件连接及程序设计；
3．安装调试；
4．教师总结并评定成绩；
5．讨论、总结、反思学习过程，各小组汇报学习体会，总结学习方法；
6．提交报告，工作单、材料归档整理

学习资源
1．多媒体课件
2．PLC 实训台
3．常用电工仪表
4．操作手册及相关网站

知识拓展
1．汽缸工作原理
2．汽路设计方法
3．传感器与检测技术

1.1.2　任务分析与设计

1.1.2.1　构思

1．控制元件

起动按钮：打开电磁阀

停止按钮：关闭电磁阀

2．被控对象

电磁阀：控制气动活塞工作状态

3．工作原理

按下起动按钮，电磁阀打开，活塞推动物料进入传送带；按下停止按钮，电磁阀关闭，活塞退回原位。

1.1.2.2　设计

1．I/O 分配

进料气缸双向电磁阀控制系统 I/O 分配如表 1-1 所示。

表 1-1　系统 I/O 分配

输入		输出	
名称	地址	名称	地址
起动按钮	I0.0	电磁阀	Q0.0
停止按钮	I0.1	电磁阀打开指示	Q0.1
		电磁阀关闭指示	Q0.2

2. PLC 选型

机型选择的基本原则是在满足功能要求及保证可靠、维护方便的前提下，力争最佳的性能价格比。

（1）合理的结构型式

整体式 PLC 的每一个 I/O 点的平均价格比模块式的便宜，且体积相对较小，所以一般用于系统工艺过程较为固定的小型控制系统中；而模块式 PLC 的功能扩展灵活方便，在 I/O 点数量、输入点数与输出点数的比例、I/O 模块的种类等方面，选择余地较大。维修时只要更换模块，判断故障的范围也很方便。因此，模块式 PLC 一般适用于较复杂系统和环境差（维修量大）的场合。

（2）安装方式的选择

根据 PLC 的安装方式，系统分为集中式、远程 I/O 式和多台 PLC 联网的分布式。集中式不需要设置驱动远程 I/O 硬件，系统反应快、成本低。大型系统经常采用远程 I/O 式，因为它们的装置分布范围很广，远程 I/O 可以分散安装在 I/O 装置附近，I/O 连线比集中式的短，但需要增设驱动器和远程 I/O 电源。多台联网的分布式适用于多台设备分别独立控制，又要相互联系的场合，可以选用小型 PLC，但必须附加通信模块。

（3）相当的功能要求

一般小型（低档）PLC 具有逻辑运算、定时、计数等功能，对于只需要开关量控制的设备都可满足。对于以开关量控制为主、带少量模拟量控制的系统，可选用能带 A/D 和 D/A 单元，具有加减算术运算、数据传送功能的增强型低档 PLC。

对于控制较复杂，要求实现 PID 运算、闭环控制、通信联网等功能，可视控制规模大小及复杂程度，选用中档或高档 PLC。但是中、高档 PLC 价格较贵，一般大型机主要用于大规模过程控制和集散控制系统等场合。

（4）响应速度的要求

PLC 的扫描工作方式引起的延迟可达 2～3 个扫描周期。对于大多数应用场合来说，PLC 的响应速度都可以满足要求，不是主要问题。然而对于某些个别场合，则要求考虑 PLC 的响应速度。为了减少 PLC 的 I/O 响应的延迟时间，可以选用扫描速度高的 PLC，或选用具有高速 I/O 处理功能指令的 PLC，或选用具有快速响应模块和中断输入模块的 PLC 等。

（5）系统可靠性的要求

对于一般系统 PLC 的可靠性均能满足。对可靠性要求很高的系统，应考虑是否采用冗余控制系统或热备用系统。

（6）机型统一

一个企业，应尽量做到 PLC 的机型统一。主要考虑以下三个方面的问题：

1）同一机型的 PLC，其编程方法相同，有利于技术力量的培训和技术水平的提高。

2）同一机型的 PLC，其模块可互为备用，便于备品备件的采购和管理。

3）同一机型的 PLC，其外围设备通用，资源可共享，易于联网通信，配上位计算机后易于形成一个多级分布式控制系统。

【方案设计单】

项目名称	料仓自动进料控制设计与实现		任务名称	进料气缸双向电磁阀控制设计与实现

方案设计分工

子任务	提交材料	承担成员	完成工作时间
PLC 机型选择	PLC 选型分析		
低压电器选型	低压电器选型分析		
位置传感器选型	位置传感器选型分析		
电气安装方案	图纸		
方案汇报	PPT		

学习过程记录

班级		小组编号		成员	

说明：小组每个成员根据方案设计的任务要求，进行认真学习，并将学习过程的内容（要点）进行记录，同时也将学习中存在的问题进行记录

方案设计工作过程

开始时间		完成时间	

说明：根据小组每个成员的学习结果，通过小组分析与讨论，最后形成设计方案

结构框图	
原理说明	
关键器件型号	
实施计划	
存在的问题及建议	

1.1.3　相关知识

1.1.3.1　梯形图（Ladder Diagram）程序设计语言

梯形图程序设计语言是最常用的一种程序设计语言，它来源于继电器逻辑控制系统的描述。在工业过程控制领域，电气技术人员对继电器逻辑控制技术较为熟悉，因此，由这种逻辑控制技术发展而来的梯形图受到了欢迎，并得到了广泛的应用。梯形图与操作原理图相对应，具有直观性和对应性；与原有的继电器逻辑控制技术的不同点是，梯形图中的能流不是实际意义的电流，内部的继电器也不是实际存在的继电器，因此，应用时，需与原有继电器逻辑控制技术的有关概念区别对待。梯形图图形指令有 3 个基本形式：

1. 触点

触点符号代表输入条件，如外部开关、按钮及内部条件等。CPU 运行扫描到触点符号时，到触点位指定的存储器位访问（即 CPU 对存储器的读操作）。该位数据（状态）为 1 时，表示"能流"能通过。计算机读操作的次数不受限制，用户程序中，常开触点、常闭触点可以使用无数次。

2. 线圈

$$\underline{\text{BIT}}$$
$$\text{————（　）}$$

线圈表示输出结果，通过输出接口电路来控制外部的指示灯、接触器及内部的输出条件等。线圈左侧接点组成的逻辑运算结果为 1 时，"能流"可以达到线圈，使线圈得电动作，CPU 将线圈的位地址指定的存储器的位置 1；逻辑运算结果为 0，线圈不通电，存储器的位置 0。即线圈代表 CPU 对存储器的写操作。PLC 采用循环扫描的工作方式，所以在用户程序中，每个线圈只能使用一次。

3. 指令盒

指令盒代表一些较复杂的功能，如定时器、计数器或数学运算指令等。当"能流"通过指令盒时，执行指令盒所代表的功能。

梯形图按照逻辑关系可分成网络段，分段只是为了阅读和调试方便。在本书部分举例中我们将网络段省去。图 1-2 是梯形图示例。

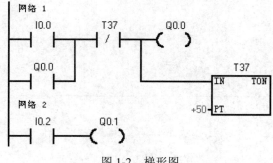

图 1-2　梯形图

1.1.3.2　语句表（Statement List）程序设计语言

语句表程序设计语言是用布尔助记符来描述程序的一种程序设计语言。语句表程序设计语言与计算机中的汇编语言非常相似，采用布尔助记符来表示操作功能。

语句表程序设计语言具有下列特点：

（1）采用助记符来表示操作功能，具有容易记忆、便于掌握的特点。

（2）在编程器的键盘上采用助记符表示，具有便于操作的特点，可在无计算机的场合进行编程设计。

（3）用编程软件可以将语句表与梯形图进行相互转换。

【例 1-1】图 1-2 中的梯形图转换为语句表程序如下：

```
网络 1
LD      I0.0
O       Q0.0
AN      T37
 =      Q0.0
TON     T37, +50
网络 2
LD      I0.2
 =      Q0.1
```

1.1.3.3　基本位操作指令

位操作指令是 PLC 常用的基本指令，梯形图指令有触点和线圈两大类，触点又分常开触点和常闭触点两种形式；语句表指令有与、或以及输出等逻辑关系。位操作指令能够实现基本的位逻辑运算和控制。

1．逻辑取（装载）及线圈驱动指令 LD/LDN

（1）指令功能：

LD（LOAD）：常开触点逻辑运算的开始。对应梯形图则为在左侧母线或线路分支点处初始装载一个常开触点。

LDN（LOAD NOT）：常闭触点逻辑运算的开始（即对操作数的状态取反），对应梯形图则为在左侧母线或线路分支点处初始装载一个常闭触点。

＝（OUT）：输出指令，对应梯形图则为线圈驱动。对同一元件只能使用一次。

（2）指令格式如图 1-3 所示。

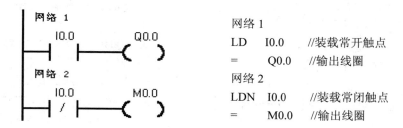

图 1-3　LD/LDN、OUT 指令的使用

（3）说明：

1）触点代表 CPU 对存储器的读操作，常开触点和存储器的位状态一致，常闭触点和存储器的位状态相反。用户程序中同一触点可使用无数次。

如：存储器 I0.0 的状态为 1，则对应的常开触点 I0.0 接通，表示能流可以通过；而对应的常闭触点 I0.0 断开，表示能流不能通过。存储器 I0.0 的状态为 0，则对应的常开触点 I0.0 断开，表示能流不能通过；而对应的常闭触点 I0.0 接通，表示能流可以通过。

2）线圈代表 CPU 对存储器的写操作，若线圈左侧的逻辑运算结果为"1"，表示能流能够达到线圈，CPU 将该线圈所对应的存储器的位置 1，若线圈左侧的逻辑运算结果为 0，表示能流不能够达到线圈，CPU 将该线圈所对应的存储器的位置 0。用户程序中，同一线圈只能使用一次。

3）LD/LDN，=指令使用说明：

① LD、LDN 指令用于与输入公共母线相联的接点，也可与 OLD、ALD 指令配合使用于分支回路的开头。

②"="指令用于 Q、M、SM、T、C、V、S。但不能用于输入映像寄存器 I。输出端不带负载时，控制线圈应尽量使用 M 或其他，而不用 Q。

"="可以并联使用任意次，但不能串联，如图 1-4 所示。

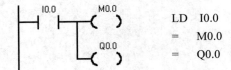

图 1-4 输出指令可以并联使用

③ LD/LDN 的操作数：I、Q、M、SM、T、C、V、S。

"=（OUT）"的操作数：Q、M、SM、T、C、V、S。

2. 触点串联指令 A（AND）、AN（AND NOT）

（1）指令功能：

A（AND）：与操作，在梯形图中表示串联连接单个常开触点。

AN（AND NOT）：与非操作，在梯形图中表示串联连接单个常闭触点。

（2）指令格式如图 1-5 所示。

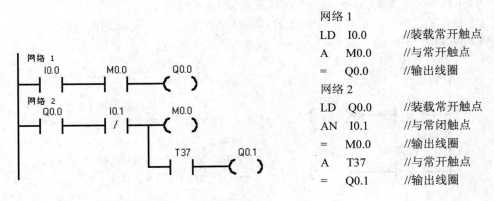

图 1-5 A/AN 指令的使用

（3）A/AN 指令使用说明：

1）A、AN 是单个触点串联连接指令，可连续使用，如图 1-6 所示。

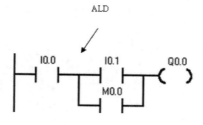

图 1-6　A/AN 指令示例

2）若要串联多个接点组合回路时，必须使用 ALD 指令，如图 1-7 所示。

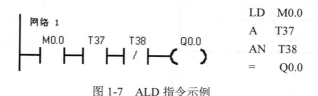

图 1-7　ALD 指令示例

3）若按正确次序编程（即输入：左重右轻、上重下轻；输出：上轻下重），可以反复使用"="指令，如图 1-8 所示。但若按图 1-9 所示的编程次序，就不能连续使用"="指令。

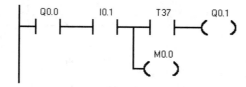

图 1-8　输出指令示例

图 1-9　不能连续使用输出示例

4）A、AN 的操作数：I、Q、M、SM、T、C、V、S。

3. 触点并联指令：O（OR）/ON（OR NOT）

（1）指令功能：

O：或操作，在梯形图中表示并联连接一个常开触点。

ON：或非操作，在梯形图中表示并联连接一个常闭触点。

（2）指令格式如图 1-10 所示。

（3）O/ON 指令使用说明：

1）O/ON 指令可作为并联一个触点指令，紧接在 LD/LDN 指令之后用，即对其前面的 LD/LDN 指令所规定的触点并联一个触点，可以连续使用。

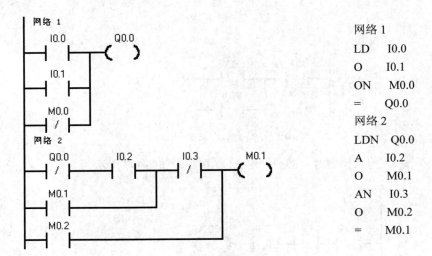

图 1-10　O/ON 指令的使用

2）若要并联连接两个以上触点的串联回路时，须采用 OLD 指令。

3）ON 操作数：I、Q、M、SM、V、S、T、C。

4. 电路块的串联指令 ALD

（1）指令功能：

ALD：块"与"操作，用于串联连接多个并联电路组成的电路块。

（2）指令格式如图 1-11 所示。

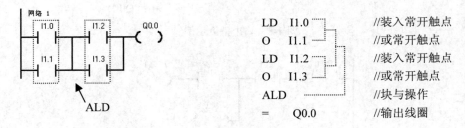

图 1-11　ALD 指令使用

（3）ALD 指令使用说明：

1）并联电路块与前面的电路串联连接时，使用 ALD 指令。分支的起点用 LD/LDN 指令，并联电路结束后使用 ALD 指令与前面的电路串联。

2）可以顺次使用 ALD 指令串联多个并联电路块，支路数量没有限制，如图 1-12 所示。

3）ALD 指令无操作数。

5. 电路块的并联指令 OLD

（1）指令功能：

OLD：块"或"操作，用于并联连接多个串联电路组成的电路块。

（2）指令格式如图 1-13 所示。

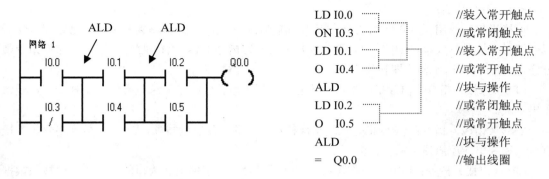

图 1-12　ALD 指令使用

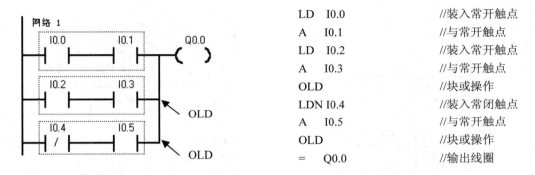

图 1-13　OLD 指令的使用

（3）OLD 指令使用说明：

1）并联连接几个串联支路时，其支路的起点以 LD、LDN 开始，并联结束后用 OLD。

2）可以顺次使用 OLD 指令并联多个串联电路块，支路数量没有限制。

3）ALD 指令无操作数。

【例 1-2】根据图 1-14 所示梯形图，写出对应的语句表。

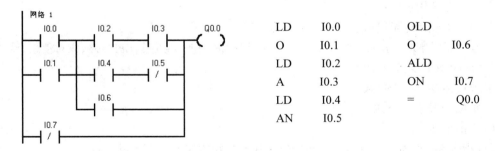

图 1-14　梯形图

6. 逻辑堆栈的操作

S7-200 系列采用模拟栈的结构，用于保存逻辑运算结果及断点的地址，称为逻辑堆栈。S7-200 系列 PLC 中有一个 9 层的堆栈。在此讨论断点保护功能的堆栈操作。

（1）指令功能：

堆栈操作指令用于处理线路的分支点。在编制控制程序时，经常遇到多个分支电路同时受一个或一组触点控制的情况，如图 1-14 所示，若采用前述指令不容易编写程序，用堆栈操作指令则可方便地将图 1-14 所示梯形图转换为语句表。

LPS（入栈）指令：LPS 指令把栈顶值复制后压入堆栈，栈中原来数据依次下移一层，栈底值压出丢失。

LRD（读栈）指令：LRD 指令把逻辑堆栈第二层的值复制到栈顶，2～9 层数据不变，堆栈没有压入和弹出。但原栈顶的值丢失。

LPP（出栈）指令：LPP 指令把堆栈弹出一层，原第二层的值变为新的栈顶值，原栈顶数据从栈内丢失。

LPS、LRD、LPP 指令的操作过程如图 1-15 所示。

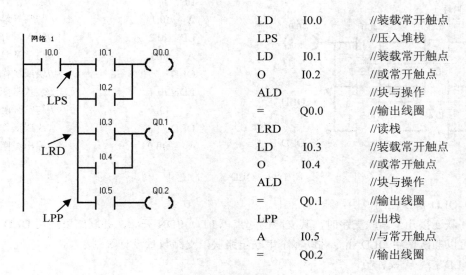

LD	I0.0	//装载常开触点
LPS		//压入堆栈
LD	I0.1	//装载常开触点
O	I0.2	//或常开触点
ALD		//块与操作
=	Q0.0	//输出线圈
LRD		//读栈
LD	I0.3	//装载常开触点
O	I0.4	//或常开触点
ALD		//块与操作
=	Q0.1	//输出线圈
LPP		//出栈
A	I0.5	//与常开触点
=	Q0.2	//输出线圈

图 1-15　堆栈指令的使用

（2）指令使用说明：

1）逻辑堆栈指令可以嵌套使用，最多为 9 层。

2）为保证程序地址指针不发生错误，入栈指令 LPS 和出栈指令 LPP 必须成对使用，最后一次读栈操作应使用出栈指令 LPP。

3）堆栈指令没有操作数。

7. 置位/复位指令 S/R

（1）指令功能：

置位指令 S：使能输入有效后从起始位 S-BIT 开始的 N 个位置 1 并保持。

复位指令 R：使能输入有效后从起始位 S-BIT 开始的 N 个位清 0 并保持。

（2）指令格式如表 1-2 所示，用法如图 1-16 所示，时序图如图 1-17 所示。

（3）指令使用说明：

1）对同一元件（同一寄存器的位）可以多次使用 S/R 指令（与 "=" 指令不同）。

表 1-2　S/R 指令格式

STL	LAD
S　S-BIT, N	S-BIT —( ) N
R　R-BIT, N	R-BIT —( ) N

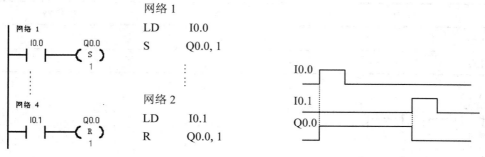

图 1-16　S/R 指令的使用　　　　图 1-17　S/R 指令的时序图

2）由于是扫描工作方式，当置位、复位指令同时有效时，写在后面的指令具有优先权。

3）操作数 N 为：VB，IB，QB，MB，SMB，SB，LB，AC，常量，*VD，*AC，*LD。取值范围为：0～255。数据类型为：字节。

4）操作数 S-BIT 为：I，Q，M，SM，T，C，V，S，L。数据类型为：布尔。

5）置位复位指令通常成对使用，也可以单独使用或与指令盒配合使用。

【例 1-3】图 1-18 所示的置位、复位指令应用举例及时序分析。

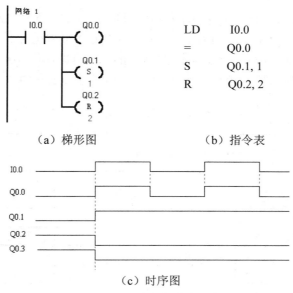

（a）梯形图　　　　　（b）指令表

（c）时序图

图 1-18　置位/复位指令应用举例

8. 脉冲生成指令 EU/ED

（1）指令功能：

EU（Edge Up）指令：在 EU 指令前的逻辑运算结果有一个上升沿时（由 OFF→ON）产生一个宽度为一个扫描周期的脉冲，驱动后面的输出线圈。

ED（Edge down）指令：在 ED 指令前有一个下降沿时产生一个宽度为一个扫描周期的脉冲，驱动其后线圈。

（2）指令格式如表 1-3 所示，用法如图 1-19 所示，时序分析如图 1-20 所示。

表 1-3 EU/ED 指令格式

STL	LAD	操作数
EU	─┤ P ├─	无
ED	─┤ N ├─	无

网络 1
```
        I0.0                      M0.0
        ─┤├─────┤ P ├───────────( )
网络 2
        M0.0                      Q0.0
        ─┤├──────────────────────( S )
                                   1
网络 3
        I0.1                      M0.1
        ─┤├─────┤ N ├───────────( )
网络 4
        M0.1                      Q0.0
        ─┤├──────────────────────( R )
                                   1
```

网络 1			网络 3		
LD	I0.0	//装入常开触点	LD	I0.1	//装入
EU		//正跳变	ED		//负跳变
=	M0.0	//输出	=	M0.1	//输出
网络 2			**网络 4**		
LD	M0.0	//装入	LD	M0.1	//装入
S	Q0.0, 1	//输出置位	R	Q0.0, 1	//输出复位

图 1-19 EU/ED 指令的使用

程序及运行结果分析如下：

I0.0 的上升沿，经触点（EU）产生一个扫描周期的时钟脉冲，驱动输出线圈 M0.0 导通一个扫描周期，M0.0 的常开触点闭合一个扫描周期，使输出线圈 Q0.0 置位为 1，并保持。

I0.1 的下降沿，经触点（ED）产生一个扫描周期的时钟脉冲，驱动输出线圈 M0.1 导通一个扫描周期，M0.1 的常开触点闭合一个扫描周期，使输出线圈 Q0.0 复位为 0，并保持。时序分析如图 1-20 所示。

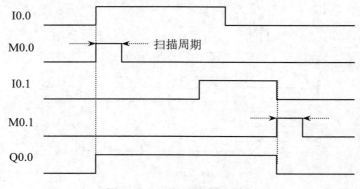

图 1-20 EU/ED 指令时序分析

（3）指令使用说明：

1）EU、ED 指令只在输入信号变化时有效，其输出信号的脉冲宽度为一个机器扫描周期。

2）对开机时就为接通状态的输入条件，EU 指令不执行。

3）EU、ED 指令无操作数。

1.1.4　任务实施与运行

1.1.4.1　实施

1. 硬件接线图

根据料仓自动上料系统 I/O 地址分配，PLC 控制电路如图 1-21 所示。

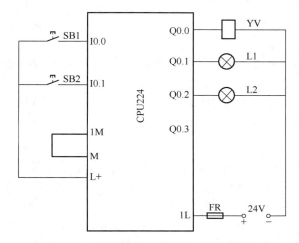

图 1-21　料仓自动上料系统电气控制图

2. 程序设计

料仓自动上料系统梯形图如图 1-22 所示。

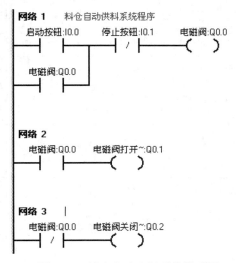

图 1-22　料仓自动上料系统梯形图

1.1.4.2 运行

（1）接线。按图接线，检查电路的正确性，确定连接无误。

（2）调试及排障。

1）在断电状态下，连接好 PC/PPI 电缆。

2）打开 PLC 的前盖，将运行模式开关拨到 STOP 位置，此时 PLC 处于停止状态，或者单击工具栏中的 STOP 按钮，可以进行程序编写。

3）在作为编程器的 PC 上，运行 STEP 7-Micro/WIN32 编程软件。

4）用菜单命令"文件"→"新建"，生成一个新项目；用菜单命令"文件"→"打开"，打开一个已有的项目；用菜单命令"文件"→"另存为"，可修改项目的名称。

5）用菜单命令"PLC"→"类型"，设置 PLC 的型号。

6）设置通信参数。

7）编写控制程序。

8）单击工具栏中的"编译"按钮或"全部编译"按钮来编译输入的程序。

9）下载程序文件到 PLC。

10）将运行模式选择开关拨到 RUN 位置，或者单击工具栏的"RUN（运行）"按钮使 PLC 进入运行方式，观察运行情况。

【评价单】

考核项目	考核点	权重	考核标准			得分
			A（1.0）	B（0.8）	C（0.6）	
任务分析（15%）	资料收集	5%	能比较全面地提出需要学习和解决的问题，收集的学习资料较多	能提出需要学习和解决的问题，收集的学习资料较多	能比较笼统地提出一些需要学习和解决的问题，收集的学习资料较少	
	任务分析	10%	能根据产品用途，确定功能和技术指标。产品选型实用性强，符合企业的需要	能根据产品用途，确定功能和技术指标。产品选型实用性强	能根据产品用途，确定功能和技术指标	
方案设计（20%）	系统结构	7%	系统结构清楚，信号表达正确，符合功能要求			
	器件选型	8%	主要器件的选择，论证充分，能够满足功能和技术指标的要求，按钮设置合理，操作简便	主要器件的选择能够满足功能和技术指标的要求，按钮设置合理	主要器件的选择，能够满足功能和技术指标的要求	
	方案汇报	5%	PPT 简洁、美观、信息量丰富，汇报条理性好，语言流畅	PPT 简洁、美观、内容充实，汇报语言流畅	有 PPT，能较好地表达方案内容	
详细设计与制作（50%）	硬件设计	10%	PLC 选型合理，电路设计正确，元件布局合理、美观，接线图走线合理	PLC 选型合理，电路设计正确，元件布局合理，接线图走线合理	PLC 选型合理，电路设计正确，元件布局合理	

续表

考核项目	考核点	权重	考核标准			得分
			A（1.0）	B（0.8）	C（0.6）	
详细设计与制作（50%）	硬件安装	8%	仪器、仪表及工具的使用符合操作规范，元件安装正确规范，布线符合工艺标准，工作环境整洁	仪器、仪表及工具的使用符合操作规范，少量元件安装有松动，布线符合工艺标准	仪器、仪表及工具的使用符合操作规范，元件安装位置不符合要求，有 3～5 根导线不符合布线工艺标准，但接线正确	
	程序设计	22%	程序模块划分正确，流程图符合规范、标准，程序结构清晰，内容完整			
	程序调试	10%	调试步骤清楚，目标明确，有调试方法的描述。调试过程记录完整，有分析，结果正确。出现故障有独立处理能力	程序调试有步骤，有目标，有调试方法的描述。调试过程记录完整，结果正确	程序调试有步骤，有目标。调试过程有记录，结果正确	
技术文档（5%）	设计资料	5%	设计资料完整，编排顺序符合规定，有目录			
学习汇报（10%）		10%	能反思学习过程，认真总结学习经验	能客观总结整个学习过程的得与失		
项目得分						
学生姓名			日期		项目得分	
总结						

任务 2　料位自动检测设计与实现

1.2.1　任务要求

1.2.1.1　项目说明

井道式料仓采用双作用气缸，配合磁性开关及落料监测开关，实现对供料活塞运动距离控制，达到准确定位要求。系统结构如图 1-23 所示。

1.2.1.2　任务导入

应用 PLC 技术实现料位自动检测。

1.2.1.3　甲方要求

（1）用按钮和磁性限位开关控制气动电磁阀打开和关闭。

（2）落料检测开关和左限位开关接通，按下起动按钮，电磁阀打开时活塞将料仓中的物料送到传送带上，当右限位开关为接通状态时，关闭电磁阀活塞退回原位，左限位开关恢复接通状态。

（3）用指示灯显示电磁阀工作状态。

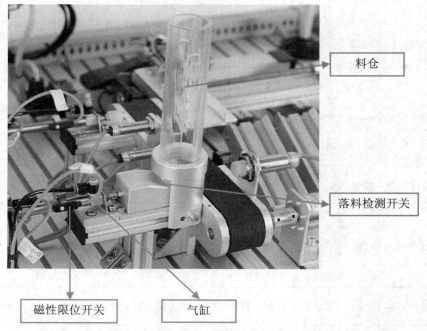

图 1-23　料位自动检测系统示意图

【任务单】

项目名称	料仓自动进料控制设计与实现	任务名称	料位自动检测设计与实现
学习小组		指导教师	
小组成员			

工作任务

任务要求

1. 对控制系统进行正确的分析，确定 PLC 的 I/O 分配；
2. 绘制 PLC 控制电路图；
3. 完成 PLC 控制电路的接线安装；
4. 按照控制要求编写控制程序；
5. 根据基本指令编写相应的梯形图程序；
6. 能够熟练把梯形图转换为语句表；
7. 能够将程序输入 PLC；
8. 完成 PLC 控制系统的调试、运行和分析

工作过程

1. 任务分析，获得相关资料和信息；
2. 方案设计，讨论设计出硬件连接及程序设计；
3. 安装调试；
4. 教师总结并评定成绩；
5. 讨论、总结、反思学习过程，各小组汇报学习体会，总结学习方法；
6. 提交报告，工作单、材料归档整理

续表

学习资源
1．多媒体课件
2．PLC 实训台
3．常用电工仪表
4．操作手册及相关网站

知识拓展
1．汽缸工作原理
2．汽路设计方法
3．传感器与检测技术

1.2.2　任务分析与设计

1.2.2.1　构思

1．控制元件

起动按钮：打开电磁阀

停止按钮：关闭电磁阀

左限位开关：活塞初始位置检测

右限位开关：活塞移动距离检测

2．被控对象

电磁阀：控制气动活塞工作状态

3．工作原理

当活塞处于初始位置并且料仓中有物料时，按下起动按钮，电磁阀打开，活塞推动物料进入传送带；当活塞达到设定位置时，电磁阀自动关闭，活塞退回原位。

1.2.2.2　设计

1．I/O 分配

料位自动检测控制系统 I/O 分配如表 1-4 所示。

表 1-4　料位自动检测控制系统 I/O 分配

输入		输出	
名称	地址	名称	地址
起动按钮	I0.0	电磁阀	Q0.0
停止按钮	I0.1	电磁阀打开指示	Q0.1
左限位开关	I0.2	电磁阀关闭指示	Q0.2
右限位开关	I0.3		
落料检测开关	I0.4		

2．PLC 选型

根据 PLC 选型原则，本项目选用 S7-200 CPU222 AC/AC/RLY。

【方案设计单】

项目名称	料仓自动进料控制设计与实现		任务名称	料位自动检测设计与实现
方案设计分工				
子任务	提交材料	承担成员	完成工作时间	
PLC 机型选择	PLC 选型分析			
低压电器选型	低压电器选型分析			
位置传感器选型	位置传感器选型分析			
电气安装方案	图纸			
方案汇报	PPT			
学习过程记录				
班级		小组编号		成员
说明：小组每个成员根据方案设计的任务要求，进行认真学习，并将学习过程的内容（要点）进行记录，同时也将学习中存在的问题进行记录				
方案设计工作过程				
开始时间		完成时间		
说明：根据小组每个成员的学习结果，通过小组分析与讨论，最后形成设计方案				
结构框图				
原理说明				
关键器件型号				
实施计划				
存在的问题及建议				

1.2.3　相关知识

1.2.3.1　定时器指令

S7-200 系列 PLC 的定时器是对内部时钟累计时间增量计时的。每个定时器均有一个 16 位的当前值寄存器用以存放当前值（16 位符号整数）；一个 16 位的预置值寄存器用以存放时间的设定值；还有 1 个状态位，反应其触点的状态。

1. 工作方式

S7-200 系列 PLC 定时器按工作方式分为三大类。其指令格式如表 1-5 所示。

表 1-5　定时器的指令格式

LAD	STL	说明
```????``` IN TON ????—PT	TON T××，PT	TON—通电延时定时器 TONR—记忆型通电延时定时器 TOF—断电延时型定时器
```????``` IN TONR ????—PT	TONR T××，PT	IN 是使能输入端，指令盒上方输入定时器的编号（T××），范围为 T0～T255；PT 是预置值输入端，最大预置值为 32767；PT 的数据类型：INT；
```????``` IN TOF ????—PT	TOF T××，PT	PT 操作数有：IW，QW，MW，SMW，T，C，VW，SW，AC，常数

2. 时基

按时基脉冲分，则有 1ms、10ms、100ms 三种定时器。不同的时基标准下，定时精度、定时范围和定时器刷新的方式不同。

（1）定时精度和定时范围

定时器的工作原理是：使能输入有效后，当前值 PT 对 PLC 内部的时基脉冲增 1 计数，当计数值大于或等于定时器的预置值后，状态位置 1。其中，最小计时单位为时基脉冲的宽度，又为定时精度；从定时器输入有效，到状态位输出有效，经过的时间为定时时间，即：定时时间=预置值×时基。当前值寄存器为 16bit，最大计数值为 32767，由此可推算不同分辨率的定时器的设定时间范围。CPU22X 系列 PLC 的 256 个定时器分属 TON（TOF）和 TONR 工作方式，以及 3 种时基标准，如表 1-6 所示。可见时基越大，定时时间越长，但精度越差。

表 1-6　定时器的类型

工作方式	时基（ms）	最大定时范围（s）	定时器号
TONR	1	32.767	T0，T64
	10	327.67	T1-T4，T65-T68
	100	3276.7	T5-T31，T69-T95
TON/TOF	1	32.767	T32，T96
	10	327.67	T33-T36，T97-T100
	100	3276.7	T37-T63，T101-T255

（2）1ms、10ms、100ms 定时器的刷新方式不同

1ms 定时器每隔 1ms 刷新一次，与扫描周期和程序处理无关，即采用中断刷新方式。因此当扫描周期较长时，在一个周期内可能被多次刷新，其当前值在一个扫描周期内不一定保持一致。

10ms 定时器则由系统在每个扫描周期开始自动刷新。由于每个扫描周期内只刷新一次，故而每次程序处理期间，其当前值为常数。

100ms 定时器则在该定时器指令执行时刷新。下一条执行的指令，即可使用刷新后的结果，非常符合正常的思路，使用方便可靠。但应当注意，如果该定时器的指令不是每个周期都执行，定时器就不能及时刷新，可能导致出错。

（3）定时器指令工作原理

下面我们将从原理应用等方面分别叙述通电延时型、有记忆的通电延时型、断电延时型三种定时器的使用方法。

1）通电延时定时器（TON）指令工作原理

程序及时序分析如图 1-24 所示。当 I0.0 接通时即使能端（IN）输入有效时，驱动 T37 开始计时，当前值从 0 开始递增，计时到设定值 PT 时，T37 状态位置 1，其常开触点 T37 接通，驱动 Q0.0 输出，其后当前值仍增加，但不影响状态位。当前值的最大值为 32767。当 I0.0 分断时，使能端无效，T37 复位，当前值清 0，状态位也清 0，即回复原始状态。若 I0.0 接通时间未到设定值就断开，T37 则立即复位，Q0.0 不会有输出。

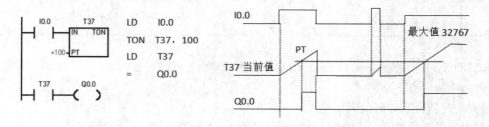

图 1-24　通电延时定时器工作原理分析

2）记忆型通电延时定时器（TONR）指令工作原理

使能端（IN）输入有效时（接通），定时器开始计时，当前值递增，当前值大于或等于预置值（PT）时，输出状态位置 1。使能端输入无效（断开）时，当前值保持（记忆），使能端（IN）再次接通有效时，在原记忆值的基础上递增计时。

注意：TONR 记忆型通电延时型定时器采用线圈复位指令 R 进行复位操作，当复位线圈有效时，定时器当前位清零，输出状态位置 0。

程序分析如图 1-25 所示。如 T3，当输入 IN 为 1 时，定时器计时；当 IN 为 0 时，其当前值保持并不复位；下次 IN 再为 1 时，T3 当前值从原保持值开始往上加，将当前值与设定值 PT 比较，当前值大于等于设定值时，T3 状态位置 1，驱动 Q0.0 有输出，以后即使 IN 再为 0，也不会使 T3 复位，要使 T3 复位，必须使用复位指令。

3）断电延时型定时器（TOF）指令工作原理

断电延时型定时器用在输入断开、延时一段时间后，才断开输出。使能端（IN）输入有效时，定时器输出状态位立即置 1，当前值复位为 0。使能端（IN）断开时，定时器开始计时，当前值从

0 递增，当前值达到预置值时，定时器状态位复位为 0，并停止计时，当前值保持。

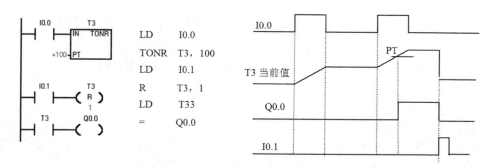

图 1-25　TONR 记忆型通电延时型定时器工作原理分析

如果输入断开的时间小于预定时间，定时器仍保持接通。IN 再接通时，定时器当前值仍设为 0。断电延时定时器的应用程序及时序分析如图 1-26 所示。

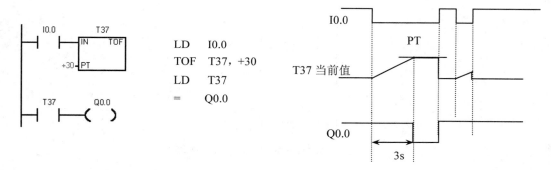

图 1-26　TOF 断电延时型定时器工作原理分析

小结：

① 以上介绍的 3 种定时器具有不同的功能。接通延时定时器（TON）用于单一间隔的定时；有记忆接通延时定时器（TONR）用于累计时间间隔的定时；断开延时定时器（TOF）用于故障事件发生后的时间延时。

② TOF 和 TON 共享同一组定时器，不能重复使用。即不能把一个定时器同时用作 TOF 和 TON。例如，不能既有 TON、T32，又有 TOF、T32。

（4）一个机器扫描周期的时钟脉冲发生器

梯形图程序如图 1-27 所示，使用定时器本身的常闭触点作定时器的使能输入。定时器的状态位置 1 时，依靠本身的常闭触点的断开使定时器复位，并重新开始定时，进行循环工作。采用不同时基标准的定时器时，会有不同的运行结果，具体分析如下：

1）T32 为 1ms 时基定时器，每隔 1ms 定时器刷新一次当前值，CPU 当前值若恰好在处理常闭触点和常开触点之间被刷新，Q0.0 可以接通一个扫描周期，但这种情况出现的几率很小，一般情况下，不会正好在此时刷新。若在执行其他指令时，定时时间到，1ms 的定时刷新，使定时器输出状态位置位，常闭触点打开，当前值复位，定时器输出状态位立即复位，所以输出线圈 Q0.0 一般不会通电。

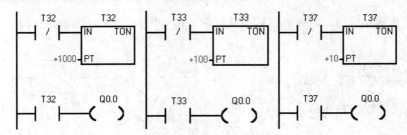

图 1-27　自身常闭触点作使能输入

2）若将图 1-27 中的定时器 T32 换成 T33，时基变为 10ms，当前值在每个扫描周期开始刷新，计时时间到时，扫描周期开始，定时器输出状态位置位，常闭触点断开，立即将定时器当前值清零，定时器输出状态位复位（为 0）。这样输出线圈 Q0.0 永远不可能通电。

3）若用时基为 100ms 的定时器，如 T37，当前指令执行时刷新，Q0.0 在 T37 计时时间到时准确地接通一个扫描周期。可以输出一个断开为延时时间、接通为一个扫描周期的时钟脉冲。

4）若将输出线圈的常闭触点作为定时器的使能输入，如图 1-28 所示，则无论何种时基都能正常工作。

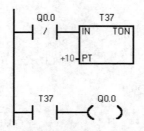

图 1-28　输出线圈的常闭触点作使能输入

（5）定时器的应用

1）延时断开电路

如图 1-29 所示。I0.0 接一个输入信号，当 I0.0 接通时，Q0.0 接通并保持，当 I0.0 断开后，经 4s 延时后，Q0.0 断开。T37 同时被复位。

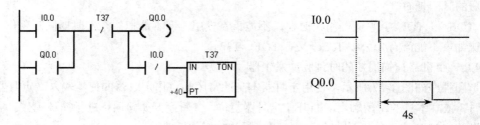

图 1-29　延时断开电路

2）延时接通和断开

如图 1-30 所示，电路用 I0.0 控制 Q0.1，I0.0 的常开触点接通后，T37 开始定时，9s 后 T37 的常开触点接通，使 Q0.1 变为 ON，I0.0 为 ON 时其常闭触点断开，使 T38 复位。I0.0 变为 OFF 后 T38 开始定时，7s 后 T38 的常闭触点断开，使 Q0.1 变为 OFF，T38 亦被复位。

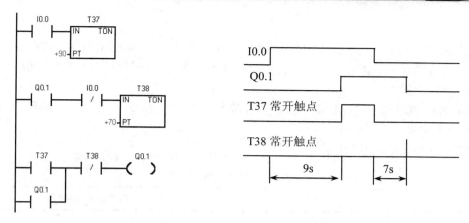

图 1-30　延时接通、断开电路

3）闪烁电路

图 1-31 中 I0.0 的常开触点接通后，T37 的 IN 输入端为 1 状态，T37 开始定时。2s 后定时时间到，T37 的常开触点接通，使 Q0.0 变为 ON，同时 T38 开始计时。3s 后 T38 的定时时间到，它的常闭触点断开，使 T37 的 IN 输入端变为 0 状态，T37 的常开触点断开，Q0.0 变为 OFF，同时使 T38 的 IN 输入端变为 0 状态，其常闭触点接通，T37 又开始定时，以后 Q0.0 的线圈将这样周期性地"通电"和"断电"，直到 I0.0 变为 OFF，Q0.0 线圈"通电"时间等于 T38 的设定值，"断电"时间等于 T37 的设定值。

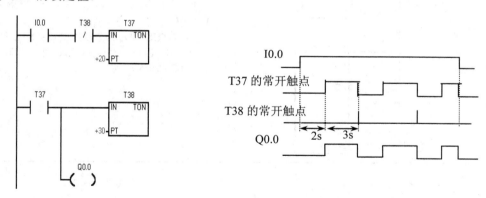

图 1-31　闪烁电路

【例 1-4】用接在 I0.0 输入端的光电开关检测传送带上通过的产品，有产品通过时 I0.0 为 ON，如果在 10s 内没有产品通过，由 Q0.0 发出报警信号，用 I0.1 输入端外接的开关解除报警信号。对应的梯形图如图 1-32 所示。

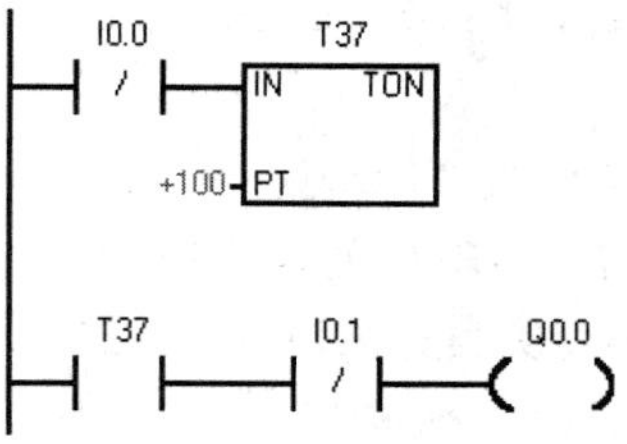

图 1-32　梯形图

1.2.3.2　计数器

计数器利用输入脉冲上升沿累计脉冲个数。结构主要由一个 16 位的预置值寄存器、一个 16 位的当前值寄存器和 1 个状态位组成。当前值寄存器用以累计脉冲个数，计数器当前值大于或等于预置值时，状态位置 1。

S7-200 系列 PLC 有三类计数器：CTU-加计数器，CTUD-加/减计数器，CTD-减计数器。

1. 计数器格式

计数器指令格式如表 1-7 所示。

表 1-7　计数器的指令格式

STL	LAD	指令使用说明
CTU　CXXX, PV	```????
┌─────────┐
CU   CTU
R
????─ PV
└─────────┘```	（1）梯形图指令符号中：CU 为加计数脉冲输入端；CD 为减计数脉冲输入端；R 为加计数复位端；LD 为减计数复位端；PV 为预置值
CTD　CXXX, PV	```????
┌─────────┐
CD   CTD
LD
????─ PV
└─────────┘```	（2）CXXX 为计数器的编号，范围为：C0~C255 （3）PV 预置值最大范围：32767；PV 的数据类型：INT；PV 操作数为：VW，T，C，IW，QW，MW，SMW，AC，AIW，K
CTUD　CXXX, PV	```????
┌─────────┐
CU   CTUD
CD
R
????─ PV
└─────────┘```	（4）CTU/CTUD/CD 指令使用要点：STL 形式中，CU，CD，R，LD 的顺序不能错；CU，CD，R，LD 信号可为复杂逻辑关系

2. 计数器工作原理分析

（1）加计数器指令（CTU）

当 R=0 时，计数脉冲有效；当 CU 端有上升沿输入时，计数器当前值加 1。计数器当前值大于或等于设定值（PV）时，该计数器的状态位 C-BIT 置 1，即其常开触点闭合。计数器仍计数，但不影响计数器的状态位。直至计数达到最大值（32767）。当 R=1 时，计数器复位，即当前值清零，状态位 C-BIT 也清零。加计数器计数范围：0~32767。

（2）加/减计数指令（CTUD）

当 R=0 时，计数脉冲有效；当 CU 端（CD 端）有上升沿输入时，计数器当前值加 1（减 1）。当计数器当前值大于或等于设定值时，C-BIT 置 1，即其常开触点闭合。当 R=1 时，计数器复位，即当前值清零，C-BIT 也清零。加减计数器计数范围：–32768~32767。

（3）减计数指令（CTD）

当复位 LD 有效时，LD=1，计数器把设定值（PV）装入当前值存储器，计数器状态位复位（置

0）。当 LD=0，即计数脉冲有效时，开始计数，CD 端每来一个输入脉冲上升沿，减计数器的当前值从设定值开始递减计数，当前值等于 0 时，计数器状态位置位（置 1），停止计数。

【例 1-5】加/减计数器指令应用示例，程序及运行时序如图 1-33 所示。

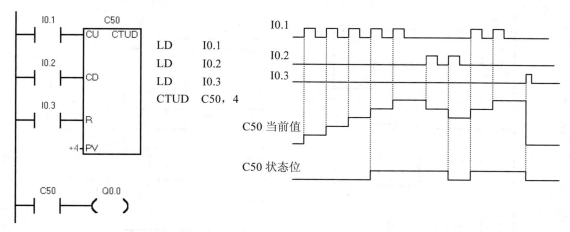

图 1-33　加/减计数器应用示例

【例 1-6】减计数器指令应用示例，程序及运行时序如图 1-34 所示。

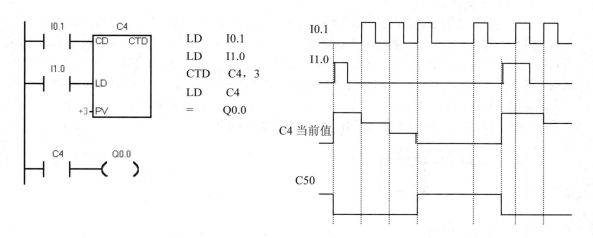

图 1-34　减计数器应用示例

在复位脉冲 I1.0 有效时，即 I1.0=1 时，当前值等于预置值，计数器的状态位置 0；当复位脉冲 I1.0=0，计数器有效，在 CD 端每来一个脉冲的上升沿，当前值减 1 计数，当前值从预置值开始减至 0 时，计数器的状态位 C-BIT=1，Q0.0=1。在复位脉冲 I1.0 有效时，即 I1.0=1 时，计数器 CD 端即使有脉冲上升沿，计数器也不减 1 计数。

3. 计数器指令应用举例

（1）计数器的扩展

S7-200 系列 PLC 计数器最大的计数范围是 32767，若须更大的计数范围，则须进行扩展。如图 1-35 所示计数器扩展电路。图中是两个计数器的组合电路，C1 形成了一个设定值为 100 次的自复位计数器。计数器 C1 对 I0.1 的接通次数进行计数，I0.1 的触点每闭合 100 次 C1 自复位重新开始计数。同时，连接到计数器 C2 端的 C1 常开触点闭合，使 C2 计数一次，当 C2 计数到 2000 次时，I0.1 共接通 100×2000 次=200000 次，C2 的常开触点闭合，线圈 Q0.0 通电。该电路的计数值为两个计数器设定值的乘积，$C_\text{总}=C1 \times C2$。

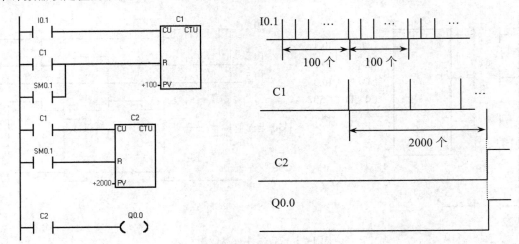

图 1-35　计数器扩展电路

（2）定时器的扩展

S7-200 的定时器的最长定时时间为 3276.7s，如果需要更长的定时时间，可使用图 1-36 所示的电路。图 1-36 中最上面一行电路是一个脉冲信号发生器，脉冲周期等于 T37 的设定值（60s）。I0.0 为 OFF 时，100ms 定时器 T37 和计数器 C4 处于复位状态，它们不能工作。I0.0 为 ON 时，其常开触点接通，T37 开始定时，60s 后 T37 定时时间到，其当前值等于设定值，它的常闭触点断开，使它自己复位，复位后 T37 的当前值变为 0，同时它的常闭触点接通，使它自己的线圈重新"通电"又开始定时，T37 将这样周而复始地工作，直到 I0.0 变为 OFF。

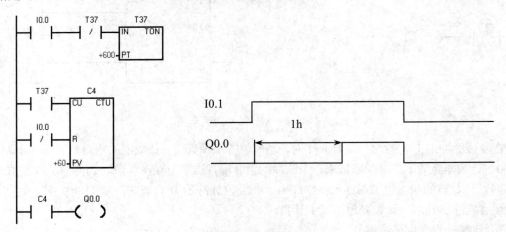

图 1-36　定时器的扩展

T37 产生的脉冲送给 C4 计数器，记满 60 个数（即 1h）后，C4 当前值等于设定值 60，它的常开触点闭合。设 T37 和 C4 的设定值分别为 K_T 和 K_C，对于 100ms 定时器总的定时时间为：$T=0.1K_T K_C$（s）。

（3）自动声光报警操作程序

自动声光报警操作程序用于当电动单梁起重机加载到 1.1 倍额定负荷并反复运行 1h 后，发出声光信号并停止运行。程序如图 1-37 所示。当系统处于自动工作方式时，I0.0 触点为闭合状态，定时器 T50 每 60s 发出一个脉冲信号作为计数器 C1 的计数输入信号，当计数值达 60，即 1h 后，C1 常开触点闭合，Q0.0、Q0.7 线圈同时得电，指示灯发光且电铃作响；此时 C1 另一常开触点接通定时器 T51 线圈，10s 后 T51 常闭触点断开 Q0.7 线圈，电铃音响消失，指示灯持续发光直至再一次重新开始运行。

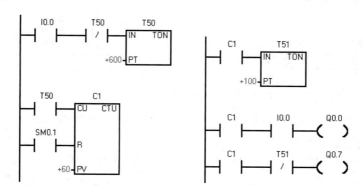

图 1-37　自动声光报警

1.2.4　任务实施与运行

1.2.4.1　实施

1. 硬件接线图

根据料位自动检测系统 I/O 地址分配，PLC 控制电路如图 1-38 所示。

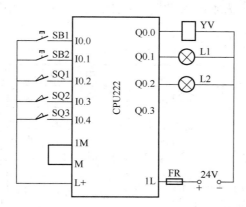

图 1-38　料位自动检测系统电气控制图

2. 程序设计（如图 1-39 所示）

1.2.4.2　运行

（1）接线。按图接线，检查电路的正确性，确定连接无误。

（2）调试及排障。

1）在断电状态下，连接好 PC/PPI 电缆。

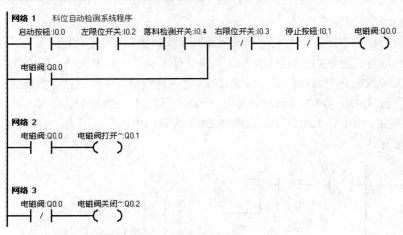

图 1-39　料位自动检测系统梯形图

2）打开 PLC 的前盖，将运行模式开关拨到 STOP 位置，此时 PLC 处于停止状态，或者单击工具栏中的 STOP 按钮，可以进行程序编写。

3）在作为编程器的 PC 上，运行 STEP 7-Micro/WIN32 编程软件。

4）用菜单命令"文件"→"新建"，生成一个新项目；用菜单命令"文件"→"打开"，打开一个已有的项目；用菜单命令"文件"→"另存为"，可修改项目的名称。

5）用菜单命令"PLC"→"类型"，设置 PLC 的型号。

6）设置通信参数。

7）编写控制程序。

8）单击工具栏中的"编译"按钮或"全部编译"按钮来编译输入的程序。

9）下载程序文件到 PLC。

10）将运行模式选择开关拨到 RUN 位置，或者单击工具栏的"RUN（运行）"按钮使 PLC 进入运行方式，观察运行情况。

【评价单】

考核项目	考核点	权重	考核标准			得分
			A（1.0）	B（0.8）	C（0.6）	
任务分析（15%）	资料收集	5%	能比较全面地提出需要学习和解决的问题，收集的学习资料较多	能提出需要学习和解决的问题，收集的学习资料较多	能比较笼统地提出一些需要学习和解决的问题，收集的学习资料较少	
	任务分析	10%	能根据产品用途，确定功能和技术指标。产品选型实用性强，符合企业的需要	能根据产品用途，确定功能和技术指标。产品选型实用性强	能根据产品用途，确定功能和技术指标	
方案设计（20%）	系统结构	7%	系统结构清楚，信号表达正确，符合功能要求			
	器件选型	8%	主要器件的选择，论证充分，能够满足功能和技术指标的要求，按钮设置合理，操作简便	主要器件的选择能够满足功能和技术指标的要求，按钮设置合理	主要器件的选择，能够满足功能和技术指标的要求	

续表

考核项目	考核点	权重	考核标准			得分
			A（1.0）	B（0.8）	C（0.6）	
方案设计（20%）	方案汇报	5%	PPT 简洁、美观、信息量丰富，汇报条理性好，语言流畅	PPT 简洁、美观、内容充实,汇报语言流畅	有 PPT，能较好地表达方案内容	
详细设计与制作（50%）	硬件设计	10%	PLC 选型合理，电路设计正确，元件布局合理、美观，接线图走线合理	PLC 选型合理,电路设计正确，元件布局合理，接线图走线合理	PLC 选型合理，电路设计正确，元件布局合理	
	硬件安装	8%	仪器、仪表及工具的使用符合操作规范，元件安装正确规范，布线符合工艺标准，工作环境整洁	仪器、仪表及工具的使用符合操作规范，少量元件安装有松动，布线符合工艺标准	仪器、仪表及工具的使用符合操作规范，元件安装位置不符合要求，有 3～5 根导线不符合布线工艺标准，但接线正确	
	程序设计	22%	程序模块划分正确，流程图符合规范、标准，内容完整		程序结构清晰，内容完整	
	程序调试	10%	调试步骤清楚，目标明确，有调试方法的描述。调试过程记录完整，有分析，结果正确。出现故障有独立处理能力	程序调试有步骤，有目标，有调试方法的描述。调试过程记录完整，结果正确	程序调试有步骤，有目标。调试过程有记录，结果正确	
技术文档（5%）	设计资料	5%	设计资料完整，编排顺序符合规定，有目录			
学习汇报（10%）		10%	能反思学习过程，认真总结学习经验	能客观总结整个学习过程的得与失		
项目得分						
学生姓名			日期		项目得分	
总结						

项目 2

传送检测系统自动控制设计与实现

任务 1　自动运料小车运行控制设计与实现

2.1.1　任务要求

2.1.1.1　项目说明

运料小车是工业运料的主要设备之一，广泛应用于冶金、港口、养殖等行业，该设备在整个系统中起着至关重要的作用，它能否正常运料直接影响产品产量和质量。将 PLC 应用到运料小车中，可实现运料小车的自动化控制，降低系统的运行费用。PLC 运料小车电气控制系统具有连线简单，控制速度快，精度高，可靠性和可维护性好等优点。

2.1.1.2　任务导入

应用 PLC 技术实现自动运料小车运行控制系统。

2.1.1.3　甲方要求

（1）用按钮控制小车的运行和磁性限位开关控制气动电磁阀打开和关闭。

（2）左限位开关接通，按下起动按钮，小车向右运动（简称右行），碰到限位开关 I0.1 后，停在该处，3s 后开始左行，碰到 I0.2 后返回初始位置，停止运动。小车运行示意图如图 2-1 所示。

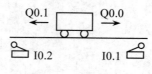

图 2-1　小车运行示意图

【任务单】

项目名称	传送检测系统自动控制设计与实现	任务名称	自动运料小车运行控制设计与实现
学习小组		指导教师	
小组成员			

工作任务

任务要求

1. 对控制系统进行正确的分析，确定 PLC 的 I/O 分配；
2. 绘制 PLC 控制电路图；
3. 完成 PLC 控制电路的接线安装；
4. 按照控制要求编写控制程序；
5. 根据基本指令编写相应的梯形图程序；
6. 能够熟练把梯形图转换为语句表；
7. 能够将程序输入 PLC；
8. 完成 PLC 控制系统的调试、运行和分析

工作过程

1. 任务分析，获得相关资料和信息；
2. 方案设计，讨论设计出硬件连接及程序设计；
3. 安装调试；
4. 教师总结并评定成绩；
5. 讨论、总结、反思学习过程，各小组汇报学习体会，总结学习方法；
6. 提交报告、工作单、材料归档整理

学习资源

1. 多媒体课件
2. PLC 实训台
3. 常用电工仪表
4. 操作手册及相关网站

知识拓展

1. 三相交流异步电动机的知识
2. 三相交流异步电动机的传统控制方法
3. 三相交流异步电动机的 PLC 控制在生产实际中的应用

2.1.2　任务分析与设计

2.1.2.1　构思

1. 控制元件

起动按钮：起动电动机

左限位开关：小车初始位置（左端）检测

右限位开关：小车移动到右端检测

2. 被控对象

电动机：电动机正反转以控制小车左右行。

3. 工作原理

按下起动按钮 I0.0 后，小车向右运动（简称右行），碰到限位开关 I0.1 后，停在该处，3s 后开始左行，碰到 I0.2 后返回初始位置，停止运动。

2.1.2.2　设计

1. I/O 分配

自动运料小车运行控制系统 I/O 分配如表 2-1 所示。

表 2-1　自动运料小车运行控制系统 I/O 分配

输入		输出	
名称	地址	名称	地址
左行起动按钮	I0.0	左行交流接触器	Q0.0
右行起动按钮	I0.1	右行交流接触器	Q0.1
停止按钮	I0.2		
左限位开关	I0.3		
右限位开关	I0.4		
过载保护	I0.5		

2. PLC 选型

根据 PLC 选型原则，本项目选用 S7-200 CPU222 AC/AC/RLY。

【方案设计单】

项目名称	传送检测系统自动控制设计与实现		任务名称	自动运料小车运行控制设计与实现
方案设计分工				
子任务	提交材料		承担成员	完成工作时间
PLC 机型选择	PLC 选型分析			
低压电器选型	低压电器选型分析			
位置传感器选型	位置传感器选型分析			
电气安装方案	图纸			
方案汇报	PPT			
学习过程记录				
班级		小组编号		成员
说明：小组每个成员根据方案设计的任务要求，进行认真学习，并将学习过程的内容（要点）进行记录，同时也将学习中存在的问题进行记录				
方案设计工作过程				
开始时间		完成时间		
说明：根据小组每个成员的学习结果，通过小组分析与讨论，最后形成设计方案				

续表

结构框图	
原理说明	
关键器件型号	
实施计划	
存在的问题及建议	

2.1.3　相关知识

2.1.3.1　经验编程法

根据项目的控制要求，对典型程序进行拼合，并在典型程序之间引入起联络作用的中间元件，反复试探设计出所需的控制程序，称为经验编程法。各要素之间的关系如图 2-2 所示。

图 2-2　经验编程法各要素之间的关系

经验编程法是一种试探性方法，具有一定的随意性，最后的结果并不唯一，编程所用的时间和编程质量与编程者的经验有很大关系，适合于编写简单程序、局部呈现。

2.1.3.2　典型控制电路

1. 起动、保持、停止电路

起动、保持和停止电路（简称为"起保停"电路），其梯形图和对应的 PLC 外部接线图如图

2-3 所示。在外部接线图中起动常开按钮 SB1 和停止常开按钮 SB2 分别接在输入端 I0.0 和 I0.1，负载接在输出端 Q0.0。因此输入映像寄存器 I0.0 的状态与起动常开按钮 SB1 的状态相对应，输入映像寄存器 I0.1 的状态与停止常开按钮 SB2 的状态相对应。而程序运行结果写入输出映像寄存器 Q0.0，并通过输出电路控制负载。图中的起动信号 I0.0 和停止信号 I0.1 是由起动常开按钮和停止常开按钮提供的，持续 ON 的时间一般都很短，这种信号称为短信号。起保停电路最主要的特点是具有"记忆"功能，按下起动按钮，I0.0 的常开触点接通，如果这时未按停止按钮，I0.1 的常闭触点接通，Q0.0 的线圈"通电"，它的常开触点同时接通。放开起动按钮，I0.0 的常开触点断开，"能流"经 Q0.0 的常开触点和 I0.1 的常闭触点流过 Q0.0 的线圈，Q0.0 仍为 ON，这就是所谓的"自锁"或"自保持"功能。按下停止按钮，I0.1 的常闭触点断开，使 Q0.0 的线圈断电，其常开触点断开，以后即使放开停止按钮，I0.1 的常闭触点恢复接通状态，Q0.0 的线圈仍然"断电"。时序分析如图 2-3 所示。这种功能也可以用图 2-3 中的 S 和 R 指令来实现。在实际电路中，起动信号和停止信号可能由多个触点组成的串、并联电路提供。

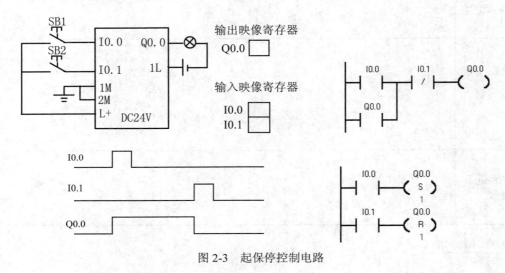

图 2-3　起保停控制电路

小结：

① 每一个传感器或开关输入对应一个 PLC 确定的输入点，每一个负载 PLC 对应一个确定的输出点。

② 为了使梯形图和继电器接触器控制的电路图中的触点的类型相同，外部按钮一般采用常开按钮。

2. 互锁电路

如图 2-4 所示输入信号 I0.0 和输入信号 I0.1，若 I0.0 先接通，M0.0 自保持，使 Q0.0 有输出，同时 M0.0 的常闭接点断开，即使 I0.1 再接通，也不能使 M0.1 动作，故 Q0.1 无输出。若 I0.1 先接通，则情形与前述相反。因此在控制环节中，该电路可实现信号互锁。

3. 比较电路

如图 2-5 所示，该电路按预先设定的输出要求，根据对两个输入信号的比较，决定某一输出。若 I0.0、I0.1 同时接通，Q0.0 有输出；I0.0、I0.1 均不接通，Q0.1 有输出；若 I0.0 不接通，I0.1 接通，则 Q0.2 有输出；若 I0.0 接通，I0.1 不接通，则 Q0.3 有输出。

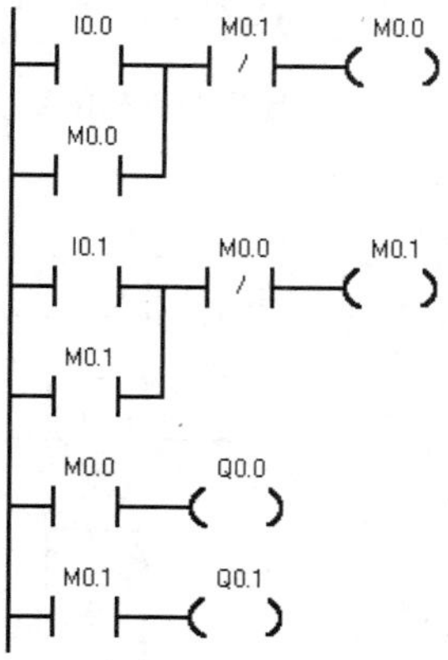

 I0.0　M0.1　M0.0 （梯形图） M0.0 I0.1　M0.0　M0.1 M0.1 M0.0　Q0.0 M0.1　Q0.1	LD　　I0.0 O　　　M0.0 AN　　M0.1 =　　　M0.0 LD　　I0.1 O　　　M0.1 AN　　M0.0 =　　　M0.1 LD　　M0.0 =　　　Q0.0 LD　　M0.1 =　　　Q0.1

图 2-4　互锁电路

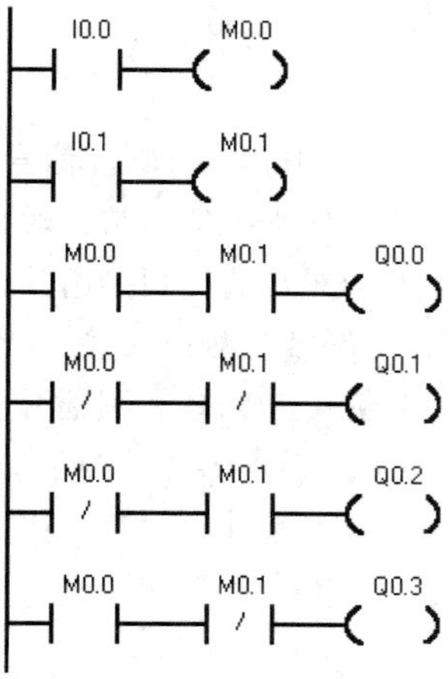

I0.0　M0.0 I0.1　M0.1 M0.0　M0.1　Q0.0 M0.0　M0.1　Q0.1 M0.0　M0.1　Q0.2 M0.0　M0.1　Q0.3	LD　　I0.0 =　　　M0.0 LD　　I0.1 =　　　M0.1 LD　　M0.0 A　　　M0.1 =　　　Q0.0 LDN　 M0.0 AN　　M0.1 =　　　Q0.1	LDN　　M0.0 LDN　　M0.0 =　　　 Q0.2 LD　　　M0.0 AN　　 M0.1 =　　　 Q0.3

图 2-5　比较电路

4. 微分脉冲电路

1）上升沿微分脉冲电路

如图 2-6 所示，PLC 是以循环扫描方式工作的，PLC 第一次扫描时，输入 I0.0 由 OFF→ON 时，M0.0、M0.1 线圈接通，Q0.0 线圈接通。在第一个扫描周期中，在第一行的 M0.1 的常闭触点保持接通，因为扫描该行时，M0.1 线圈的状态为断开。在一个扫描周期其状态只刷新一次。等到 PLC 第二次扫描时，M0.1 的线圈为接通状态，其对应的 M0.1 常闭触点断开，M0.0 线圈断开，Q0.0 线圈断开，所以 Q0.0 接通时间为一个扫描周期。

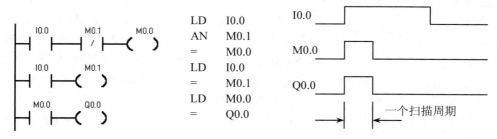

图 2-6　上升沿微分脉冲电路

2）下降沿微分脉冲电路

如图 2-7 所示，PLC 第一次扫描时，输入 I0.0 由 ON→OFF 时，M0.0 接通一个扫描周期，Q0.0 输出一个脉冲。

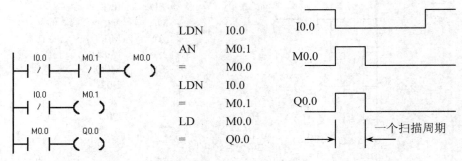

图 2-7　下降沿微分脉冲电路

5. 分频电路

用 PLC 可以实现对输入信号的任意分频。图 2-8 是一个 2 分频电路。将脉冲信号加到 I0.0 端，在第一个脉冲上升沿到来时，M0.0 产生一个扫描周期的单脉冲，使 M0.0 的常开触点闭合，由于 Q0.0 的常开触点断开，M0.1 线圈断开，其常闭触点 M0.1 闭合，Q0.0 的线圈接通并自保持；第二个脉冲上升沿到来时，M0.0 又产生一个扫描周期的单脉冲，M0.0 的常开触点又接通一个扫描周期，此时 Q0.0 的常开触点闭合，M0.1 线圈通电，其常闭触点 M0.1 断开，Q0.0 线圈断开；直至第三个脉冲到来时，M0.0 又产生一个扫描周期的单脉冲，使 M0.0 的常开触点闭合，由于 Q0.0 的常开触点断开，M0.1 线圈断开，其常闭触点 M0.1 闭合，Q0.0 的线圈又接通并自保持。以后循环往复，不断重复上述过程。由图 2-8 可见，输出信号 Q0.0 是输入信号 I0.0 的二分频。

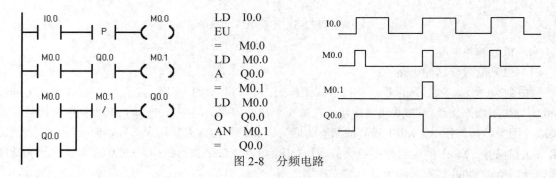

图 2-8　分频电路

【例 2-1】抢答器程序设计

控制任务：有 3 个抢答席和 1 个主持人席，每个抢答席上各有 1 个抢答按钮和 1 盏抢答指示灯。参赛者在允许抢答时，第一个按下抢答按钮的抢答席上的指示灯将会亮，且释放抢答按钮后，指示灯仍然亮；此后另外两个抢答席上即使在按各自的抢答按钮，其指示灯也不会亮。这样主持人就可以轻易地知道谁是第一个按下抢答器的。该题抢答结束后，主持人按下主持人席上的复位按钮（常闭按钮），则指示灯熄灭，又可以进行下一题的抢答比赛。

（1）工艺要求：本控制系统有 4 个按钮，其中 3 个常开 S1、S2、S3，一个常闭 S0。另外，作为控制对象有 3 盏灯 H1、H2、H3。

（2）I/O 分配表

输入：

I0.0　S0 //主持人席上的复位按钮（常闭）

I0.1　S1 //抢答席 1 上的抢答按钮

I0.2　S2 //抢答席 2 上的抢答按钮

I0.3　S3 //抢答席 3 上的抢答按钮

输出：

Q0.1　H1 //抢答席 1 上的指示灯

Q0.2　H2 //抢答席 2 上的指示灯

Q0.0　H3 //抢答席 3 上的指示灯

程序设计

抢答器的程序设计如图 2-9 所示。本例的要点是：如何实现抢答器指示灯的"自锁"功能，即当某一抢答席抢答成功后，即使释放其抢答按钮，其指示灯仍然亮，直至主持人进行复位才熄灭；如何实现 3 个抢答席之间的"互锁"功能。

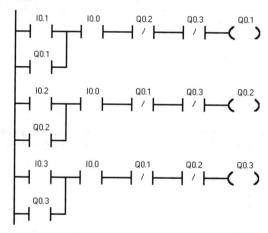

图 2-9　抢答器程序

2.1.4　任务实施与运行

2.1.4.1　实施

1. 硬件接线图

根据自动运料小车运行控制系统 I/O 地址分配，PLC 控制电路如图 2-10 所示。

2. 程序设计

自动运料小车运行控制系统梯形图如图 2-11 所示。

2.1.4.2　运行

（1）接线。按图接线，检查电路的正确性，确定连接无误。

（2）调试及排障。

1）在断电状态下，连接好 PC/PPI 电缆。

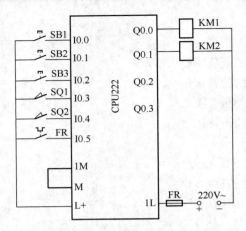

图 2-10　自动运料小车运行控制系统硬件接线图

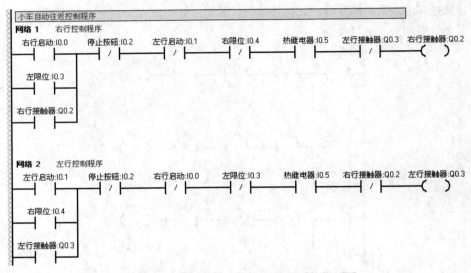

图 2-11　自动运料小车运行控制系统梯形图

2）打开 PLC 的前盖，将运行模式开关拨到 STOP 位置，此时 PLC 处于停止状态，或者单击工具栏中的 STOP 按钮，可以进行程序编写。

3）在作为编程器的 PC 上，运行 STEP 7-Micro/WIN32 编程软件。

4）用菜单命令"文件"→"新建"，生成一个新项目；用菜单命令"文件"→"打开"，打开一个已有的项目；用菜单命令"文件"→"另存为"，可修改项目的名称。

5）用菜单命令"PLC"→"类型"，设置 PLC 的型号。

6）设置通信参数。

7）编写控制程序。

8）单击工具栏中的"编译"按钮或"全部编译"按钮来编译输入的程序。

9）下载程序文件到 PLC。

10）将运行模式选择开关拨到 RUN 位置，或者单击工具栏的"RUN（运行）"按钮使 PLC 进入运行方式，观察运行情况。

【评价单】

考核项目	考核点	权重	考核标准			得分
			A（1.0）	B（0.8）	C（0.6）	
任务分析（15%）	资料收集	5%	能比较全面地提出需要学习和解决的问题，收集的学习资料较多	能提出需要学习和解决的问题，收集的学习资料较多	能比较笼统地提出一些需要学习和解决的问题，收集的学习资料较少	
	任务分析	10%	能根据产品用途，确定功能和技术指标。产品选型实用性强，符合企业的需要	能根据产品用途，确定功能和技术指标。产品选型实用性强	能根据产品用途，确定功能和技术指标	
方案设计（20%）	系统结构	7%	系统结构清楚，信号表达正确，符合功能要求			
	器件选型	8%	主要器件的选择，论证充分，能够满足功能和技术指标的要求，按钮设置合理，操作简便	主要器件的选择能够满足功能和技术指标的要求，按钮设置合理	主要器件的选择，能够满足功能和技术指标的要求	
	方案汇报	5%	PPT简洁、美观、信息量丰富，汇报条理性好，语言流畅	PPT简洁、美观、内容充实,汇报语言流畅	有PPT,能较好地表达方案内容	
详细设计与制作（50%）	硬件设计	10%	PLC选型合理，电路设计正确，元件布局合理、美观，接线图走线合理	PLC选型合理,电路设计正确,元件布局合理，接线图走线合理	PLC选型合理，电路设计正确，元件布局合理	
	硬件安装	8%	仪器、仪表及工具的使用符合操作规范，元件安装正确规范，布线符合工艺标准，工作环境整洁	仪器、仪表及工具的使用符合操作规范，少量元件安装有松动，布线符合工艺标准	仪器、仪表及工具的使用符合操作规范，元件安装位置不符合要求，有3～5根导线不符合布线工艺标准，但接线正确	
	程序设计	22%	程序模块划分正确，流程图符合规范、标准，内容完整		程序结构清晰，内容完整	
	程序调试	10%	调试步骤清楚，目标明确，有调试方法的描述。调试过程记录完整，有分析，结果正确。出现故障有独立处理能力	程序调试有步骤，有目标，有调试方法的描述。调试过程记录完整，结果正确	程序调试有步骤，有目标。调试过程有记录，结果正确	
技术文档（5%）	设计资料	5%	设计资料完整，编排顺序符合规定，有目录			
学习汇报（10%）		10%	能反思学习过程，认真总结学习经验	能客观总结整个学习过程的得与失		

项目得分					
学生姓名		日期		项目得分	
总结					

任务 2   液体自动搅拌系统

2.2.1   任务要求

2.2.1.1   项目说明

在炼油、化工、制药等行业中，多种液体混合是必不可少的工序，而且也是其生产过程中十分重要的组成部分。但是由于这些行业中多为易燃易爆、有毒有腐蚀性的介质，现场工作环境十分恶劣，不适合人工现场操作。另外，生产要求该系统要具有混合精确、控制可靠等特点，这也是人工操作和半自动化控制所难以实现的。所以为了帮助相关行业，特别是中小型企业实现多种液体混合的自动控制，从而达到液体混合的目的，液体混合自动配料势必是摆在我们面前的一大课题。液体自动搅拌系统示意图如图 2-12 所示。

图 2-12   液体自动搅拌系统示意图

2.2.1.2   任务引入

应用 PLC 技术实现液体自动搅拌系统。

2.2.1.3   甲方要求

（1）按下起动按钮，系统开始运行；按下停止按钮，系统停止运行。

（2）按下起动按钮后，打开阀 YVI，液体 A 流入容器，当中限位 SL2 开关变为 ON 时，关闭阀 YV1，打开阀 YV2，液体 B 流入容器。当液面到达上限位 SL1 开关时，关闭阀 YV2，电动机 M 开始运行，搅动液体。60s 后停止搅动，打开阀 YV3，放出混合液，当液面降至下限位 SL3 开关之后再过 5s，容器放空，关闭阀 YV3，打开阀 YV1，开始下一周期的操作。按下停止按钮，在当前工作周期的操作结束后，才停止。

【任务单】

项目名称	传送检测系统自动控制设计与实现	任务名称	液体自动搅拌系统
学习小组		指导教师	
小组成员			
工作任务			
任务要求			
1．对控制系统进行正确的分析，确定 PLC 的 I/O 分配；			
2．绘制 PLC 控制电路图；			
3．完成 PLC 控制电路的接线安装；			
4．按照控制要求编写控制程序；			
5．根据基本指令编写相应的梯形图程序；			
6．能够熟练把梯形图转换为语句表；			
7．能够将程序输入 PLC；			
8．完成 PLC 控制系统的调试、运行和分析			

工作过程
1. 任务分析，获得相关资料和信息；
2. 方案设计，讨论设计出硬件连接及程序设计；
3. 安装调试；
4. 教师总结并评定成绩；
5. 讨论、总结、反思学习过程，各小组汇报学习体会，总结学习方法；
6. 提交报告，工作单、材料归档整理
学习资源
1. 多媒体课件
2. PLC 实训台
3. 常用电工仪表
4. 操作手册及相关网站
知识拓展
1. 三相交流异步电动机的知识
2. 三相交流异步电动机的传统控制方法
3. 三相交流异步电动机的 PLC 控制在生产实际中的应用

2.2.2　任务分析与设计

2.2.2.1　构思

1. 控制元件

起动按钮：打开电磁阀，使液体流入。

停止按钮：关闭电磁阀，使系统停止运行。

液面传感器：液面位置检测。

2. 被控对象

电磁阀：电磁阀开关控制液体流入。

电动机：电动机运行开始搅拌。

3. 工作原理

SL1、SL2、SL3 分别为高水位、中水位、低水位三个液面传感器，在其各自被液体淹没时为 ON，反之为 OFF。阀 YV1、YV2、YV3 分别为液体 A、液体 B 和混合液体的电磁阀，线圈通电时打开，线圈断电时关闭。开始容器是空的，各阀门均关闭，各传感器均为 OFF。按下起动按钮后，打开阀 YVl，液体 A 流入容器，当中限位 SL2 开关变为 ON 时，关闭阀 YV1，打开阀 YV2，液体 B 流入容器。当液面到达上限位 SL1 开关时，关闭阀 YV2，电动机 M 开始运行，搅动液体。60s 后停止搅动，打开阀 YV3，放出混合液，当液面降至下限位 SL3 开关之后再过 5s，容器放空，关闭阀 YV3，打开阀 YV1，开始下一周期的操作。按下停止按钮，在当前工作周期的操作结束后，才停止。

2.2.2.2　设计

1. I/O 分配

液体自动搅拌系统 I/O 分配如表 2-2 所示。

表 2-2　液体自动搅拌系统 I/O 分配

输入		输出	
符号	地址	符号	地址
起动	I0.0	阀门 A	Q0.0
停止	I0.1	阀门 B	Q0.1
上限位	I0.2	阀门 C	Q0.2
中限位	I0.3	搅拌电动机	Q0.3
下限位	I0.4		

2. PLC 选型

根据 PLC 选型原则，本项目选用 S7-200 CPU222 AC/AC/RLY。

【方案设计单】

项目名称	传送检测系统自动控制设计与实现		任务名称	液体自动搅拌系统	
方案设计分工					
子任务		提交材料	承担成员		完成工作时间
PLC 机型选择		PLC 选型分析			
低压电器选型		低压电器选型分析			
位置传感器选型		位置传感器选型分析			
电气安装方案		图纸			
方案汇报		PPT			
学习过程记录					
班级		小组编号		成员	
说明：小组每个成员根据方案设计的任务要求，进行认真学习，并将学习过程的内容（要点）进行记录，同时也将学习中存在的问题进行记录					
方案设计工作过程					
开始时间			完成时间		
说明：根据小组每个成员的学习结果，通过小组分析与讨论，最后形成设计方案					
结构框图					

原理说明	
关键器件型号	
实施计划	
存在的问题及建议	

2.2.3　相关知识

用经验设计法设计梯形图时，没有一套固定的方法和步骤可以遵循，具有很大的试探性和随意性，对于不同的控制系统，没有一种通用的、容易掌握的设计方法。在设计复杂系统的梯形图时，要用大量的中间单元来完成记忆和互锁等功能，由于需要考虑的因素很多，它们往往又交织在一起，分析起来非常困难，并且很容易遗漏一些应该考虑的问题。修改某一局部电路时，很可能会"牵一发而动全身"，对系统的其他部分产生意想不到的影响，因此梯形图的修改也很麻烦，往往花了很长时间还得不到一个满意的结果。因此用经验设计法设计出的复杂梯形图很难阅读，给系统的修改和改进带来了很大的困难。

2.2.3.1　顺序控制设计法

1. 顺序控制系统

如果一个控制系统可以分解成几个独立的控制动作，且这些动作必须严格按照一定的先后次序执行，才能保证生产的正常运行，这样的系统称为顺序控制系统，也称为步进控制系统。

2. 顺序控制设计法

顺序控制设计法是针对顺序控制系统的一种专门的设计方法。这种方法是将控制系统的工作全过程按其状态的变化划分为若干个阶段，这些阶段称为"步"，步在各种输入条件和内部状态、时间条件下，自动、有序地进行操作。

通常顺序控制设计法利用顺序功能流程图来进行设计，过程中各步都有自己应完成的动作。从每一步转移到下一步，一般都是有条件的，条件满足则上一步动作结束，下一步动作开始，上一步的动作会被清除。

顺序控制设计法是一种先进的设计方法，很容易被初学者接受，对于有经验的工程师，也会提高设计的效率，程序的调试、修改和阅读也很方便，成为当前 PLC 程序设计的主要方法。

3. 顺序功能流程图的组成

顺序功能流程图主要由步、有向连线、转换、转换条件和动作（命令）组成，如图 2-13 所示。

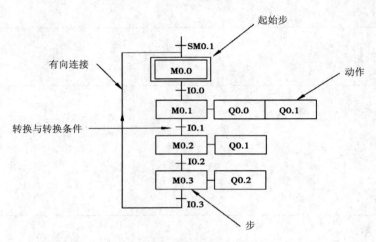

图 2-13　顺序功能流程图的结构

4. 转换实现的基本规则

（1）转换实现的条件：在顺序功能流程图中步的活动状态的进展是由转换的实现来完成的。转换实现必须同时满足以下两个条件：

1）该转换所有的前级步都是活动步。

2）相应的转换条件得到满足。

（2）转换实现应完成的操作。转换的实现应完成以下两个操作：

1）使所有的后续步都变为活动步。

2）使所有的前级步都变为不活动步。

5. 顺序功能流程图的基本结构

（1）单序列

单序列由一系列相继激活的步组成，每一步的后面仅有一个转换，每一个转换的后面只有一个步，如图 2-14（a）所示。单序列的特点是没有序列的分支和合并。

（2）选择序列的分支与合并

选择序列的开始称为分支（见图 2-14（b）），转换符号只能标在水平线之下。如果步 5 是活动步，并且转换条件 h=1，则发生由步 5 向步 8 的进展。如果步 5 是活动步，并且 k=1，则发生由步 5 向步 10 的进展。如果将选择条件 k 改为 $k \cdot \bar{h}$，则当 k 和 h 同时为 1 状态时，将优先选择 h 对应的序列，一般只允许同时选择一个序列。

选择序列的结束称为合并（见图 2-14（b）），几个选择序列合并到一个公共序列时，用需要重新组合的序列相同数量的转换符号和水平连线来表示，转换符号只允许标在水平连线之上。如果步 9 是活动步，并且转换条件 j=1，则发生由步 9 向步 12 的进展。如果步 11 是活动步，并且 n=1，则发生由步 11 向步 12 的进展。

（3）并行序列的分支与合并

并行序列的开始称为分支（见图 2-14（c）），当转换的实现导致几个序列同时激活时，这些序列称为并行序列。当步 3 是活动的，并且转换条件 e=1，步 4 和步 6 同时变为活动步，同时步 3 变为不活动步。为了强调转换的同步实现，水平连线用双线表示。步 4 和步 6 被同时激活后，每个序列中活动步的进展是独立的。在表示同步的水平双线之上，只允许有一个转换符号。并行序列用来表示系统中几个同时工作的独立部分的工作情况。

并行序列的结束称为合并（见图 2-14（c）），在表示同步的水平双线之下，只允许有一个转换符号。当直接连在双线上的所有前级步（步 5 和步 7）都处于活动状态，并且转换条件 i=1 时，才会发生步 5 和步 7 到步 10 的进展，即步 5 和步 7 同时变为不活动步，而步 10 变为活动步。

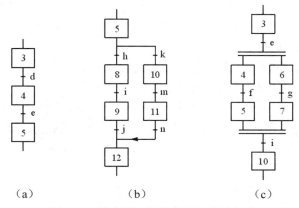

（a）　　　　　　　（b）　　　　　　　（c）

图 2-14　单序列、选择序列与并行序列

2.2.3.2　顺序控制设计法的设计步骤

1. 步的划分

将系统的一个工作周期划分为若干个顺序相连的阶段，这些阶段称为步，并且用编程元件来代表各步。步是根据 PLC 输出状态的变化来划分的，在任何一步内，各输出状态不变，但是相邻步之间输出状态是不同的。

2. 转换条件的确定

使系统由当前步转入下一步的信号称为转换条件。转换条件可能是外部输入信号，如按钮、指令开关、限位开关的接通/断开等，也可能是 PLC 内部产生的信号，如定时器、计数器触点的接通/断开等。转换条件也可能是若干个信号的与、或、非逻辑组合。

3. 顺序功能流程图的绘制

根据以上分析和被控对象的工作内容、步骤、顺序和控制要求画出顺序功能流程图。绘制顺序功能流程图是顺序控制设计法一个关键的步骤。

4. 梯形图的编制

根据顺序功能流程图，按某种编程方式写出梯形图程序。如果 PLC 支持顺序功能流程图编程，则可直接使用该顺序功能流程图作为最终程序。

绘制顺序功能流程图应注意的问题：

（1）两个步绝对不能直接相连，必须用一个转换将它们隔开。

（2）两个转换也不能直接相连，必须用一个步将它们隔开。

（3）顺序功能流程图中起始步是必不可少的，它一般对应于系统等待起动的初始状态，这一步可能没有什么动作执行，因此很容易遗漏。如果没有该步，无法表示初始状态，系统也无法返回停止状态。

（4）只有当某一步所有的前级步都是活动步时，该步才有可能变为活动步。如果用无断电保持功能的编程元件来代表各步，则 PLC 开始进入 RUN 模式时各步均处于"0"状态，因此必须要有初始化信号，将起始步预置为活动步，否则顺序功能流程图中永远不会出现活动步，系统将无法工作。

2.2.3.3 顺序控制设计法的本质

经验设计法实际上是试图用输入信号 I 直接控制输出信号 Q，如图 2-15（a）所示，如果无法直接控制，或者为了实现记忆和互锁等功能，只好被动地增加一些辅助元件和辅助触点。由于不同的系统的输出 Q 与输入 I 之间的关系各不相同，以及它们对联锁、互锁的要求千变万化，不可能找出一种简单通用的设计方法。

顺序控制设计法则是用输入量 I 控制代表各步的编程元件（如内部位存储器 M），再用它们控制输出量 Q，如图 2-15（b）所示。步是根据输出量 Q 的状态划分的，M 与 Q 之间具有很简单的"或"或者相等的逻辑关系，输出电路的设计极为简单。任何复杂系统代表步的位存储器 M 的控制电路，其设计方法都是通用的，并且很容易掌握，所以顺序控制设计法具有简单、规范、通用的优点。由于 M 是依次顺序变为 ON/OFF 状态的，实际上已经基本解决了经验设计法中的记忆和连锁等问题。

图 2-15　信号关系图

2.2.3.4 起保停电路的顺序控制梯形图设计方法

根据顺序功能图设计梯形图时，可以用存储器位 M 来代表步，某一步为活动，对应的存储器位为 1，某一转换实现时，该转换的后续步变为活动步，前级步变为不活动步。

1. 单序列的编程方法

起保停电路仅仅使用触点和线圈有关的指令，任何一种可编程序控制器的指令系统都有这一类指令，因此这是一种通用的编程方法，可以用于任意型号的可编程序控制器。

【例 2-2】图 2-16 中的波形图给出了控制锅炉鼓风机和引风机的要求。按了起动按钮 I0.0 后，应先开引风机，延时后再开鼓风机。按了停止按钮 I0.1 后，应先停鼓风机，5s 后再停止引风机。

（1）步的设计

根据 Q0.0 和 Q0.1 ON/OFF 状态变化，显然工作期间可以分为 3 步，分别用 M0.1、M0.2、M0.3 来代表这 3 步，另外还应设置 M0.0 来代表等待起动的初始步。

（2）转换条件

起动按钮 I0.0 和停止按扭 I0.1 的常开触点、定时器延时接通的常开触点是各步之间的转换条件。

（3）起动条件和停止条件

M0.1 变为活动步的条件是步 M0.0 为活动步，且二者之间的转换条件 I0.0=1。在起保停电路中，则应将代表前级步的 M0.0 的常开触点和代表转换条件的 I0.0 作为起动电路。当 M0.1 和 T37 的常开触点均闭合时，步 M0.2 变为活动步，这时步 M0.1 应变为不活动步，因此可以将 M0.2=1 作为使存储器位 M0.1 变为 OFF 的条件，即将 M0.2 的常闭触点与 M0.1 的线圈串联。上述的逻辑关系可以用逻辑代数式表示为：

$$M0.1=（M0.0 \cdot I0.0+M0.1）\cdot \overline{M0.2}$$

在这个例子中，可以用 T37 的常闭触点代替 M0.2 常闭触点。但是当转换条件由多个信号经"与、或、非"逻辑运算组合而成时，需将它的逻辑表达式求反，再将对应的触点串并联电路作为起保停电路的停止电路，这样做不如使用后续步对应的常闭触点简单方便。

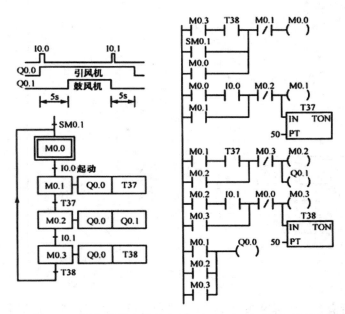

图 2-16　用起保停电路实现鼓风机与引风机的自动控制

（4）步的处理

用位存储器来代表步，某一步为活动步时，对应的辅助继电器为 ON，某一转换实现时，该转换的后续步变为活动步，前级步变为不活动步。由于很多转换条件都是短信号，即它存在的时间比它激活后续步变为活动步的时间短，因此，应使用有记忆（或称保持）功能的电路（如起保停电路和置位复位指令组成的电路）来控制代表步的位存储器。以初始步 M0.0 为例，由顺序功能图可知，M0.3 是它的前级步，二者之间的转换条件为 T38 的常开触点。所以应将 M0.3 和 T38 常开触点串联，作为 M0.0 的起动电路。可编程序控制器开始运行时应将 M0.0 置为 1，否则系统无法工作，故将仅在第一个扫描周期接通的 SM0.1 的常开触点与起动电路并联，起动电路还并联了 M0.0 的自保持触点。后续步 M0.1 的常闭触点与 M0.0 的线圈串联，M0.1 为 1 时 M0.0 的线圈"断电"，初始步变为不活动步。

（5）动作的处理

1）某一输出量仅在某一步中为 ON，可以将它的线圈分别与对应步的位存储器的线圈并联。例如图 2-16 中的 Q0.1，就属于这种情况，可以将它的线圈与对应步存储器位 M0.2 的线圈并联。

2）某一输出继电器在几步中都为 ON，应将代表各有关步的辅助继电器的常开触点并联后，驱动该输出继电器的线圈。图 2-16 中 Q0.0 在 M0.1～M0.3 这 3 步中均应工作,所以用 M0.1～M0.3 的常开触点组成的并联电路来驱动 Q0.0 的线圈。

2. 选择序列的编程方法

(1)选择序列的分支的编程方法

图 2-17 中步 M0.0 之后有一个选择序列的分支,设 M0.0 为活动步,当它的后续步 M0.1 或 M0.2 变为活动步时,它都应变为不活动步(M0.0 变为 0 状态),所以应将 M0.1 或 M0.2 的常闭触点与 M0.0 的线圈串联。

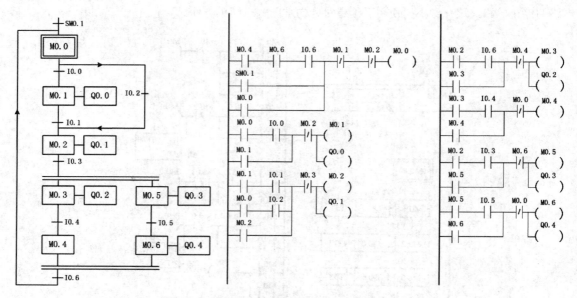

图 2-17　选择序列与并行序列的顺序图与梯形图

如果某一步的后面有一个由 N 条分支组成的选择序列,该步可能转换到不同的 N 步去,则应将这 N 个后续步对应的存储器的常闭触点与该步的线圈串联,作为结束该步的条件。

(2)选择序列的合并的编程方法

图 2-17 中,步 M0.2 之前有一个选择序列的合并,当步 M0.1 为活动(M0.1 为 1)并且转换条件 I0.1 满足,或步 M0.0 为活动步并且条件 I0.2 满足,步 M0.2 都应变为活动步,即代表该步的存储器位 M0.2 的起动条件应为 M0.1·I0.1 和 M0.0·I0.2 对应的两条并联支路组成,每条支路分别由 M0.1、I0.1 和 M0.0、I0.2 的常开触点串联而成。

一般来说,对于选择序列的合并,如果某一步之前有 N 个转换(即有 N 条分支可进入该步),则代表该步的存储器位的起动电路由 N 条支路并联而成,各支路由某一前级步对应的存储器位的常开触点与相应转换条件对应触点或电路串联而成。

3. 并行序列的编程方法

(1)并行序列的分支的编程方法

图 2-17 中的步 M0.2 之后有一个并行序列的分支,当步 M0.2 是活动步并且转换条件 I0.3 满足时,步 M0.3 与步 M0.5 应同时变为活动步,这是用 M0.2 和 I0.3 的常开触点组成的串联电路分别作为 M0.3 和 M0.5 的起动电路来实现的,与此同时,步 M0.2 应变为不活动步。步 M0.3 和 M0.5 是同时变为活动步的,只需将 M0.3 或 M0.5 的常闭触点与 M0.2 的线圈串联就行了。

（2）并行序列的合并的编程方法

步 M0.0 之前有一个并行序列的合并，该转换实现的条件是所有的前级步（即步 M0.4 和 M0.6）都是活动步和转换条件 I0.6 满足。由此可知，应将 M0.4 或 M0.6 和 I0.6 的常开触点串联，作为控制 M0.0 的起保停电路的起动电路。

任何复杂的顺序功能图都是由单序列、选择序列和并行序列组成的，掌握了单序列的编程方法和选择序列、并行序列的分支、合并的编程方法，就不难迅速地设计出任意复杂的顺序功能图描述的开关量控制系统的梯形图。

4. 仅有两步的闭环的处理

如果在顺序功能图中有仅由两步组成的小闭环，如图 2-18（a）所示，用起保停电路设计的梯形图不能正常工作。例如 M0.2 和 I0.2 均为 1 时，M0.3 的起动电路接通，但是这时与 M0.3 的线圈串联的 M0.2 的常闭触点却是断开的，所以 M0.3 的线圈不能"通电"。出现上述问题的根本原因在于步 M0.2 既是步 M0.3 的前级步，又是它的后续步。

如果用转换条件 I0.2 和 I0.3 的常闭触点分别代替后续步 M0.3 和 M0.2 的常闭触点，如图 2-18（b）所示，将引发出另一问题。假设步 M0.2 为活动步时 I0.2 变为 1 状态，执行修改后的图 2-18（b）中的第 1 个起保停电路时，因为 I0.2 为 1 状态，他的常闭触点断开，使 M0.2 的线圈断电。M0.2 的常开触点断开，使控制 M0.3 的起保停电路的起动电路开路，因此不能转换到步 M0.3。

为了解决这一问题，增设了一个受 I0.2 控制的中间元件 M1.0，如图 2-18（c）所示，用 M1.0 的常闭触点取代修改后的图 2-18（b）中 I0.2 的常闭触点。如果 M0.2 为活动步时 I0.2 变为 1 状态，执行图 2-18（c）中的第 1 个起保停电路时，M1.0 尚为 0 状态，它的常闭触点闭合，M0.2 的线圈通电，保证了控制 M0.3 的起保停电路的起动电路接通，使 M0.3 的线圈通电。执行完图 2-18（c）中最后一行的电路后，M1.0 变为 1 状态，在下一个扫描周期使 M0.2 的线圈通电。

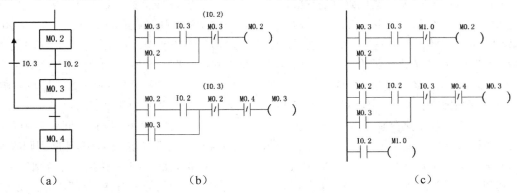

图 2-18　仅有两步的闭环的处理

【例 2-3】某专用钻床用两只钻头同时钻两个孔。操作人员放好工件后，按下起动按钮 I0.0，工件被夹紧后两只钻头同时开始工作，钻到由限位开关 I0.2 和 I0.4 设定的深度时分别上行，回到由限位开关 I0.3 和 I0.5 设定的起始位置时停止上行。两个都到位后，工件被松开，松开到位后，加工结束，系统返回初始状态。

图 2-19 中系统的顺序功能图存储器位 M0.0～M0.1 代表各步。两只钻头和各自的限位开关组成了两个子系统，这两个子系统在钻孔过程中并行工作，因此并行序列中的两个子序列分别表示这两个子系统的工作情况。

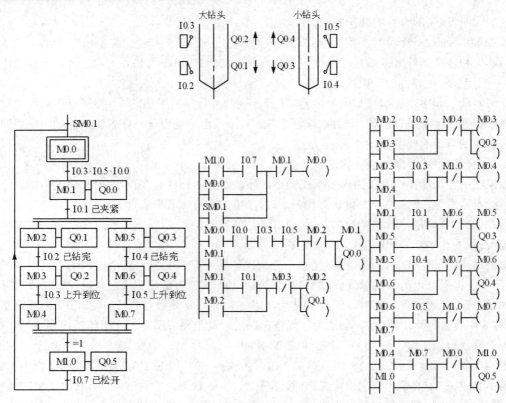

图 2-19　专用钻床控制系统的顺序功能图与梯形图

步 M0.1，Q0.0 为 1，夹紧电磁阀的线圈通电，工件被夹紧后，压力继电器 I0.1 的常开触点 ON，使步 M0.1 变为不活动步，步 M0.2 和步 M0.5 同时变为活动步，Q0.1、Q0.3 为 1， Q0.2、Q0.4 分别变为 1，钻头向上运动，返回初始位置后，限位开关 I0.3 与 I0.5 均为 ON，等待步 M0.4 与 M0.7 分别变为活动步。它们之后的 "=1" 表示转换条件总是满足，即只要 M0.4 和 M0.7 都变为活动步，就会实现步 M0.4、M0.7 到步 M1.0 的转换。在步 M1.0，控制工件松开的 Q0.5 为 1，工件被松开后，限位开关 I0.7 为 ON，系统返回初始步 M0.0。步结束，可以采用以下 3 种方法：

1）在各序列的末尾分别设置一个等待步，结束并行序列的转换条件 "=1"（同图 2-19）。

2）如果可以肯定某一序列总是最后结束，它的末尾可以不设等待步，但是其他序列则应设置。

3）各序列都不设等待步。以图 2-19 为例，使步 M0.3 和 M0.6 结束的转换条件分别是 I0.3 和 I0.5，可以取消等待步 M0.4 和 M0.7，用 I0.3·I0.5 代替图 2-19 中的转换条件 "=1"。为了及时断开先结束的序列最后一步（步 M0.3 或 M0.6）的输出负载 Q0.2 和 Q0.4，在梯形图中，应将转换条件 I0.3 和 I0.5 的常闭触点分别与输出 Q0.2 和 Q0.4 的线圈串联。不管采用以上哪一种处理方法，虽然顺序功能图并不完全相同，并行序列合并的编程方法却是相同的。

2.2.4　任务实施与运行

2.2.4.1　实施

1. 硬件接线图

根据液体自动搅拌系统 I/O 地址分配，PLC 控制电路如图 2-20 所示。

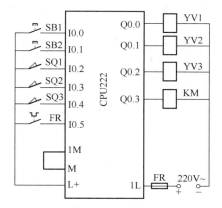

图 2-20　液体自动搅拌系统电路图

2. 程序设计

液体自动搅拌系统梯形图如图 2-21 所示。

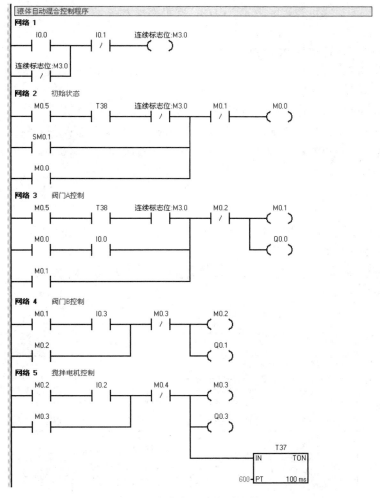

图 2-21　液体自动搅拌系统梯形图

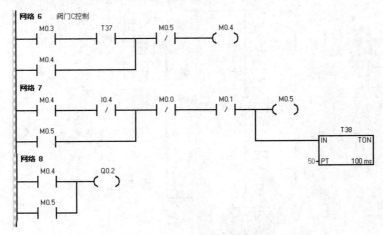

图 2-21　液体自动搅拌系统梯形图（续图）

2.2.4.2　运行

（1）接线。按图接线，检查电路的正确性，确定连接无误。

（2）调试及排障。

1）在断电状态下，连接好 PC/PPI 电缆。

2）打开 PLC 的前盖，将运行模式开关拨到 STOP 位置，此时 PLC 处于停止状态，或者单击工具栏中的 STOP 按钮，可以进行程序编写。

3）在作为编程器的 PC 上，运行 STEP 7-Micro/WIN32 编程软件。

4）用菜单命令"文件"→"新建"，生成一个新项目；用菜单命令"文件"→"打开"，打开一个已有的项目；用菜单命令"文件"→"另存为"，可修改项目的名称。

5）用菜单命令"PLC"→"类型"，设置 PLC 的型号。

6）设置通信参数。

7）编写控制程序。

8）单击工具栏中的"编译"按钮或"全部编译"按钮来编译输入的程序。

9）下载程序文件到 PLC。

10）将运行模式选择开关拨到 RUN 位置，或者单击工具栏的"RUN（运行）"按钮使 PLC 进入运行方式，观察运行情况。

【评价单】

考核项目	考核点	权重	考核标准			得分
			A（1.0）	B（0.8）	C（0.6）	
任务分析（15%）	资料收集	5%	能比较全面地提出需要学习和解决的问题，收集的学习资料较多	能提出需要学习和解决的问题，收集的学习资料较多	能比较笼统地提出一些需要学习和解决的问题，收集的学习资料较少	
	任务分析	10%	能根据产品用途，确定功能和技术指标。产品选型实用性强，符合企业的需要	能根据产品用途，确定功能和技术指标。产品选型实用性强	能根据产品用途，确定功能和技术指标	

考核项目	考核点	权重	考核标准			得分
			A（1.0）	B（0.8）	C（0.6）	
方案设计（20%）	系统结构	7%	系统结构清楚，信号表达正确，符合功能要求			
	器件选型	8%	主要器件的选择，论证充分，能够满足功能和技术指标的要求，按钮设置合理，操作简便	主要器件的选择能够满足功能和技术指标的要求，按钮设置合理	主要器件的选择，能够满足功能和技术指标的要求	
	方案汇报	5%	PPT 简洁、美观、信息量丰富，汇报条理性好，语言流畅	PPT 简洁、美观、内容充实，汇报语言流畅	有 PPT，能较好地表达方案内容	
详细设计与制作（50%）	硬件设计	10%	PLC 选型合理，电路设计正确，元件布局合理、美观，接线图走线合理	PLC 选型合理，电路设计正确，元件布局合理，接线图走线合理	PLC 选型合理，电路设计正确，元件布局合理	
	硬件安装	8%	仪器、仪表及工具的使用符合操作规范，元件安装正确规范，布线符合工艺标准，工作环境整洁	仪器、仪表及工具的使用符合操作规范，少量元件安装有松动，布线符合工艺标准	仪器、仪表及工具的使用符合操作规范，元件安装位置不符合要求，有 3～5 根导线不符合布线工艺标准，但接线正确	
	程序设计	22%	程序模块划分正确，流程图符合规范、标准，程序结构清晰，内容完整			
	程序调试	10%	调试步骤清楚，目标明确，有调试方法的描述。调试过程记录完整，有分析，结果正确。出现故障有独立处理能力	程序调试有步骤，有目标，有调试方法的描述。调试过程记录完整，结果正确	程序调试有步骤，有目标。调试过程有记录，结果正确	
技术文档（5%）	设计资料	5%	设计资料完整，编排顺序符合规定，有目录			
学习汇报（10%）		10%	能反思学习过程，认真总结学习经验	能客观总结整个学习过程的得与失		
项目得分						
学生姓名			日期		项目得分	

总结

任务 3 传送检测系统自动控制设计与实现

2.3.1 任务要求

2.3.1.1 项目说明

传送带拖动采用直流电动机,当物料位于传送带时,传送带自动运行,通过传感器进行分类,并将物料传送到指定位置。系统结构如图 2-22 所示。

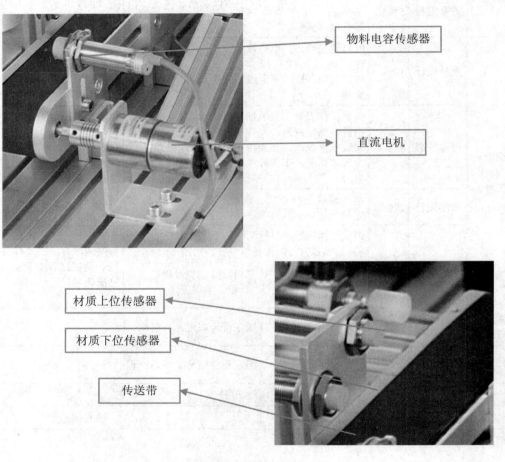

物料电容传感器

直流电机

材质上位传感器

材质下位传感器

传送带

图 2-22 传送检测系统示意图

2.3.1.2 任务引入

应用 PLC 技术实现物料自动传送

2.3.1.3 甲方要求

(1)当物料传感器检测到传送带上有物料时,自动起动传送带。

(2)当物料经过材质检测传感器时,能够自动检测物料材质,并通过相应的指示灯显示。

(3)传送带传送距离可通过时间控制。

【任务单】

项目名称	传送检测系统自动控制设计与实现	任务名称	传送检测系统自动控制设计与实现
学习小组		指导教师	
小组成员			

工作任务

任务要求

1. 对控制系统进行正确的分析，确定 PLC 的 I/O 分配；
2. 绘制 PLC 控制电路图；
3. 完成 PLC 控制电路的接线安装；
4. 按照控制要求编写控制程序；
5. 根据基本指令编写相应的梯形图程序；
6. 能够熟练把梯形图转换为语句表；
7. 能够将程序输入 PLC；
8. 完成 PLC 控制系统的调试、运行和分析

工作过程

1. 任务分析，获得相关资料和信息；
2. 方案设计，讨论设计出硬件连接及程序设计；
3. 安装调试；
4. 教师总结并评定成绩；
5. 讨论、总结、反思学习过程，各小组汇报学习体会，总结学习方法；
6. 提交报告，工作单、材料归档整理

学习资源

1. 多媒体课件
2. PLC 实训台
3. 常用电工仪表
4. 操作手册及相关网站

知识拓展

1. 三相交流异步电动机的知识
2. 三相交流异步电动机的传统控制方法
3. 三相交流异步电动机的 PLC 控制在生产实际中的应用

2.3.2　任务分析与设计

2.3.2.1　构思

1. 控制元件

物料电容传感器：起动直流电动机

材质上位传感器：物料检测 1

材质下位传感器：物料检测 2

2. 被控对象

电磁阀：控制气动活塞工作状态

指示灯：物料材质显示

3. 工作原理

当物料电容传感器检测到传送带上有物料时，直流电动机自动起动，同时定时器进行计时，当物料经过材质检测传感器时对物料材质进行鉴别，当定时时间到时，物料被送到指定位置，传送带自动停止。

2.3.2.2 设计

1. I/O 分配

传送检测系统自动控制系统 I/O 分配如表 2-3 所示。

表 2-3 传送检测系统自动控制系统 I/O 分配

输入		输出	
名称	地址	名称	地址
物料电容传感器	I0.0	直流电动机	Q0.0
材质上位传感器	I0.1	金属物料指示灯	Q0.1
材质下位传感器	I0.2	非金属物料指示灯	Q0.2
		半金属半非金属指示灯	Q0.3

2. PLC 选型

根据 PLC 选型原则，本项目选用 S7-200 CPU222 AC/DC/DC。

【方案设计单】

项目名称	传送检测系统自动控制设计与实现		任务名称	传送检测系统自动控制设计与实现	
方案设计分工					
子任务		提交材料	承担成员	完成工作时间	
PLC 机型选择		PLC 选型分析			
低压电器选型		低压电器选型分析			
位置传感器选型		位置传感器选型分析			
电气安装方案		图纸			
方案汇报		PPT			
学习过程记录					
班级		小组编号		成员	
说明：小组每个成员根据方案设计的任务要求，进行认真学习，并将学习过程的内容（要点）进行记录，同时也将学习中存在的问题进行记录					
方案设计工作过程					
开始时间			完成时间		
说明：根据小组每个成员的学习结果，通过小组分析与讨论，最后形成设计方案					
结构框图					

续表

原理说明	
关键器件型号	
实施计划	
存在的问题及建议	

2.3.3　任务实施与运行

2.3.3.1　实施

1．硬件接线图

根据传送检测系统自动控制系统 I/O 地址分配，PLC 控制电路如图 2-23 所示。

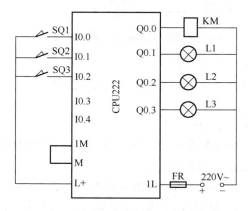

图 2-23　传送检测系统电气控制图

2．程序设计

传送检测系统自动控制系统梯形图如图 2-24 所示。

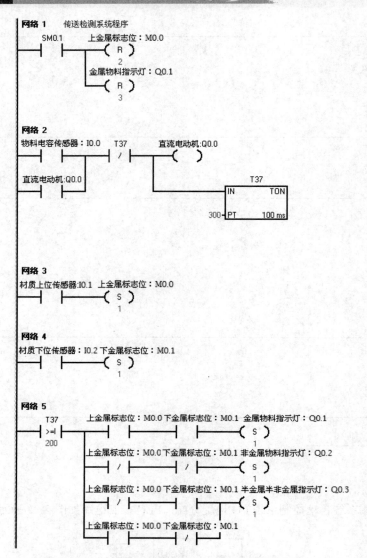

图 2-24　传送检测系统自动控制系统梯形图

2.3.3.2　运　行

（1）接线。按图接线，检查电路的正确性，确定连接无误。

（2）调试及排障。

1）在断电状态下，连接好 PC/PPI 电缆。

2）打开 PLC 的前盖，将运行模式开关拨到 STOP 位置，此时 PLC 处于停止状态，或者单击工具栏中的 STOP 按钮，可以进行程序编写。

3）在作为编程器的 PC 上，运行 STEP 7-Micro/WIN32 编程软件。

4）用菜单命令"文件"→"新建"，生成一个新项目；用菜单命令"文件"→"打开"，打开一个已有的项目；用菜单命令"文件"→"另存为"，可修改项目的名称。

5）用菜单命令"PLC"→"类型"，设置 PLC 的型号。

6）设置通信参数。

7）编写控制程序。

8）单击工具栏中的"编译"按钮或"全部编译"按钮来编译输入的程序。

9）下载程序文件到 PLC。

10）将运行模式选择开关拨到 RUN 位置，或者单击工具栏的"RUN（运行）"按钮使 PLC 进入运行方式，观察运行情况。

【评价单】

考核项目	考核点	权重	考核标准			得分
			A（1.0）	B（0.8）	C（0.6）	
任务分析（15%）	资料收集	5%	能比较全面地提出需要学习和解决的问题，收集的学习资料较多	能提出需要学习和解决的问题，收集的学习资料较多	能比较笼统地提出一些需要学习和解决的问题，收集的学习资料较少	
	任务分析	10%	能根据产品用途，确定功能和技术指标。产品选型实用性强，符合企业的需要	能根据产品用途，确定功能和技术指标。产品选型实用性强	能根据产品用途，确定功能和技术指标	
方案设计（20%）	系统结构	7%	系统结构清楚，信号表达正确，符合功能要求			
	器件选型	8%	主要器件的选择，论证充分，能够满足功能和技术指标的要求，按钮设置合理，操作简便	主要器件的选择能够满足功能和技术指标的要求，按钮设置合理	主要器件的选择，能够满足功能和技术指标的要求	
	方案汇报	5%	PPT 简洁、美观、信息量丰富，汇报条理性好，语言流畅	PPT 简洁、美观、内容充实，汇报语言流畅	有 PPT，能较好地表达方案内容	
详细设计与制作（50%）	硬件设计	10%	PLC 选型合理，电路设计正确，元件布局合理、美观，接线图走线合理	PLC 选型合理，电路设计正确，元件布局合理，接线图走线合理	PLC 选型合理，电路设计正确，元件布局合理	
	硬件安装	8%	仪器、仪表及工具的使用符合操作规范，元件安装正确规范，布线符合工艺标准，工作环境整洁	仪器、仪表及工具的使用符合操作规范，少量元件安装有松动，布线符合工艺标准	仪器、仪表及工具的使用符合操作规范，元件安装位置不符合要求，有 3～5 根导线不符合布线工艺标准，但接线正确	
	程序设计	22%	程序模块划分正确，流程图符合规范、标准，内容完整		程序结构清晰，内容完整	
	程序调试	10%	调试步骤清楚，目标明确，有调试方法的描述。调试过程记录完整，有分析，结果正确。出现故障有独立处理能力	程序调试有步骤，有目标，有调试方法的描述。调试过程记录完整，结果正确	程序调试有步骤，有目标。调试过程有记录，结果正确	
技术文档（5%）	设计资料	5%	设计资料完整，编排顺序符合规定，有目录			

考核项目	考核点	权重	考核标准			得分
			A（1.0）	B（0.8）	C（0.6）	
学习汇报（10%）		10%	能反思学习过程，认真总结学习经验	能客观总结整个学习过程的得与失		
项目得分						
学生姓名			日期		项目得分	
总结						

项目 3
电动滑台分拣系统设计与实现

任务 1　自动剪板机控制设计与实现

3.1.1　任务要求

3.1.1.1　项目说明

剪板机是在各种板材的流通加工中应用比较广泛的一种剪切设备,它能剪切各种厚度的钢板材料。常用的剪板机分为平剪、滚剪及振动剪 3 种类型。剪板机属于直线剪切机类,主要用于剪裁各种尺寸金属板材的直线边缘。在轧钢、汽车、飞机、船舶、拖拉机、桥梁、电器、仪表、锅炉、压力容器等各个工业部门中有广泛应用。自动剪板机控制系统示意图如图 3-1 所示。

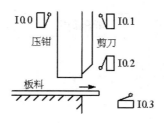

图 3-1　自动剪板机示意图

3.1.1.2　任务引入

应用 PLC 技术实现自动剪板机控制系统。

3.1.1.3　甲方要求

(1) 按下起动按钮,系统开始运行。

(2) 板料右行至相应位置,然后压钳下行。压紧板料后,剪刀开始下行。剪断板料后,压钳和剪刀同时上行回到初始位置。之后,开始下一周期的工作,剪完 5 块料后停止工作并停在初始状态。

【任务单】

项目名称	电动滑台分拣系统设计与实现	任务名称	自动剪板机控制设计与实现
学习小组		指导教师	
小组成员			

工作任务

任务要求

1. 能对控制系统功能进行分析，归纳出控制要求，确定 PLC 的 I/O 分配；
2. 能绘制 PLC 控制电路图；
3. 能完成 PLC 控制电路的接线安装；
4. 能按照控制要求编写控制程序；
5. 能根据基本指令编写相应的梯形图程序；
6. 能够熟练把梯形图转换为语句表；
7. 能够将程序输入 PLC；
8. 能完成 PLC 控制系统的调试、运行和分析，对出现的控制故障能进行处理解决

工作过程

1. 任务分析，获得相关资料和信息；
2. 方案设计，讨论设计出硬件连接及程序设计；
3. 安装调试；
4. 教师总结并评定成绩；
5. 讨论、总结、反思学习过程，各小组汇报学习体会，总结学习方法；
6. 提交报告、工作单、材料归档整理

学习资源

1. 多媒体课件
2. PLC 实训台
3. 常用电工仪表
4. 操作手册及相关网站

知识拓展

1. 步进电机、位移传感器的技术规范
2. 步进电机、位移传感器技术指标的检测

3.1.2 任务分析与设计

3.1.2.1 构思

1. 控制元件

起动按钮：打开电磁阀，系统开始运行。

上限位开关：压钳和剪刀初始位置检测

下限位开关：压钳和剪刀工作位置检测

右限位开关：板料到位检测

2. 被控对象

电动机：电动机正反转控制压钳和剪刀上行和下行，以及板料的运送。

3. 工作原理

初始状态时，压钳和剪刀在上限位置，I0.0 和 I0.1 为"1"状态。按下起动按钮 I1.0，工作过程如下：首先板料右行（Q0.0 为"1"状态）至限位开关 I0.3 为"1"状态，然后压钳下行（Q0.1 为"1"状态并保持）。压紧板料后，压力继电器 I0.4 为"1"状态，压钳保持压紧，剪刀开始下行（Q0.2 为"1"状态）。剪断板料后，I0.2 变为"1"状态，压钳和剪刀同时上行（Q0.3 和 Q0.4 为"1"状态，Q0.1 和 Q0.2 为"0"状态），它们分别碰到限位开关 I0.0 和 I0.1 后，停止上行，均停止后，又开始下一周期的工作，剪完 5 块料后停止工作并停在初始状态。

3.1.2.2　设计

1. I/O 分配

自动剪板机控制系统 I/O 分配如表 3-1 所示。

表 3-1　自动剪板机控制系统 I/O 分配

输入		输出	
符号	地址	符号	地址
起动按钮	I1.0	送料电机	Q0.0
压钳上限位开关	I0.0	压钳下行电机	Q0.1
剪刀上限位开关	I0.1	剪刀下行电机	Q0.2
压钳下限位开关	I0.2	压钳上行电机	Q0.3
剪刀下限位开关	I0.3	剪刀上行电机	Q0.4
压力继电器	I0.4		

2. PLC 选型

根据 PLC 选型原则，本项目选用 S7-200 CPU224 AC/AC/RLY。

【方案设计单】

项目名称	电动滑台分拣系统设计与实现		任务名称	自动剪板机控制设计与实现
方案设计分工				
子任务	提交材料		承担成员	完成工作时间
PLC 机型选择	PLC 选型分析			
低压电器选型	低压电器选型分析			
位置传感器选型	位置传感器选型分析			
电气安装方案	图纸			
方案汇报	PPT			
学习过程记录				
班级		小组编号		成员
说明：小组每个成员根据方案设计的任务要求，进行认真学习，并将学习过程的内容（要点）进行记录，同时也将学习中存在的问题进行记录				
方案设计工作过程				
开始时间		完成时间		

说明：根据小组每个成员的学习结果，通过小组分析与讨论，最后形成设计方案	
结构框图	
原理说明	
关键器件型号	
实施计划	
存在的问题及建议	

3.1.3　相关知识

以转换为中心的顺序控制梯形图设计方法。

3.1.3.1　以转换为中心的单序列的编程方法

在顺序功能图中，如果某一转换所有的前级步都是活动步并且满足相应的转换条件，则转换实现，即所有由有向连线与相应转换符号相连的后续步都变为活动步，而所有由有向连线与相应转换符号相连的前级步都变为不活动步。在以转换为中心的编程方法中，用该转换所有前级步对应的存储器位的常开触点与转换对应的触点或电路串联（即起保停电路中的起动电路），作为使所有后续步对应的存储器位置位（使用时置位指令）和所有前级步对应的存储器位复位（使用复位指令）的条件。在任何情况下，代表步的存储器位的控制电路都可以用这一原则来设计，每一个转换对应一个这样的控制置位复位电路块，有多少个转换就有多少个这样的电路块。这种设计方法特别有规律，在设计复杂的顺序功能图的梯形图时既容易掌握，又不容易出错。

【例 3-1】某组合机床的动力头在初始状态时停在最左边，限位开关 I0.3 为 1 状态（见图 3-2）。按下起动按钮 I0.0，动力头的进给运动如图所示，工作一个循环后，返回并停在初始位置，控制电磁阀的 Q0.0～Q0.2 在各工步的状态如图 3-2 中的顺序功能图所示。

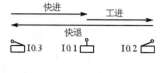

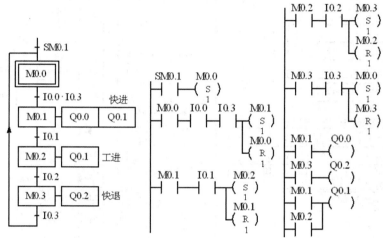

图 3-2　动力头控制系统的顺序功能图与梯形图

从图 3-2 可以看出以转换为中心的编程方法的顺序功能图与梯形图的对应关系。实现图中 I0.1 对应的转换需要同时满足两个条件，即该转换的前级步是活动步（M0.1=1）和转换条件满足（I0.1=1）。在梯形图中，可以用 M0.1 和 I0.1 的常开触点组成的串联电路来表示上述条件。该电路接通时，两个条件同时满足，此时应将该转换的后续步变为活动步（用"S M0.2,1"指令将 M0.2 置位）和将该转换的前级步变为不活动步（用"R M0.1,1"指令将 M0.1 复位），这种编程方法与转换实现的基本规则之间有着严格的对应关系，用它编制复杂的顺序功能图的梯形图时，更能显示出它的优越性。

使用这种编程方法时，不能将输出位的线圈与置位指令和复位指令并联，这是因为图 3-2 中前级步和转换条件对应的串联电路接通的时间是相当短的（只有一个扫描周期），转换条件满足后前级步马上被复位，该串联电路断开，而输出位的线圈至少应该在某一步对应的全部时间内被接通。所以应根据顺序功能图，用代表步的存储器位的常开触点或它们的并联电路来驱动输出位线圈。即：

● 对所有后续步对应的存储器位置位（使用 S 指令）
● 对所有前级步对应的存储器位复位（使用 R 指令）

3.1.3.2　选择序列的编程方法

如果某一转换与并行序列的分支、合并无关，它的前级步和后续步都只有一个，需要复位、置位的存储器位也只有一个，因此对选择序列的分支与合并的编程方法实际上与对单序列的编程方法完全相同。

图 3-3 所示的顺序功能图中，除 I0.3 与 I0.6 对应的转换以外，其余的转换与并行序列的分支、

合并无关，I0.0～I0.2 对应的转换与选择序列的分支、合并有关，它们都只有一个前级步和一个后续步。与并行序列无关的转换对应的梯形图是非常标准的，每一个控制置位、复位的电路块都由前级步对应的存储器位的常开触点和转换条件对应的触点组成的串联电路、一条置位指令和一条复位指令组成。

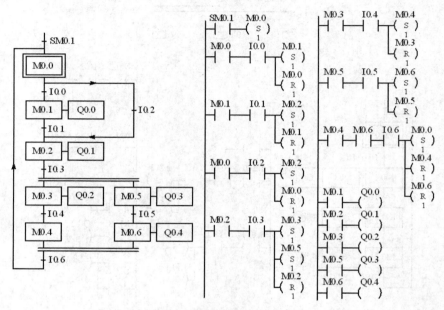

图 3-3   选择序列与并行序列

3.1.3.3   并行序列的编程方法

图 3-3 中步 M0.2 之后有一个并行序列分支，当 M0.2 是活动步，并且转换条件 I0.3 满足时，步 M0.3 与步 M0.5 应同时变为活动步，这是用 M0.2 和 I0.3 的常开触点组成的串联电路使 M0.3 和 M0.5 同时置位来实现的；与此同时，步 M0.2 应变为不活动步，这是用复位指令来实现的。

I0.6 对应的转换之前有一个并行序列的合并，该转换实现的条件是所有的前级步（即步 M0.4 和 M0.6）都是活动步和转换条件 I0.6 满足。由此可知，应将 M0.4、M0.6 和 I0.6 的常开触点串联，作为使后续步 M0.0 置位和使 M0.4、M0.6 复位的条件。

由 3-4 中转换的上面是并行序列的合并，转换的下面是并行序列的分支，该转换实现的条件是所有的前级步（即步 M1.0 和 M1.1）都是活动步和转换条件 $\overline{I0.1}$+I0.3 满足，因此应将 M1.0、M1.1、I0.3 的常开触点与 I0.1 的常闭触点组成的串并联电路，作为使 M1.2、M1.3 置位和使 M1.0、M1.1 复位的条件。

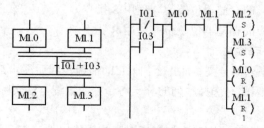

图 3-4   转换的同步实现

3.1.4   任务实施与运行

3.1.4.1   实施

1. 硬件接线图

根据自动剪板机控制系统 I/O 分配。PLC 控制电路如图 3-5 所示。

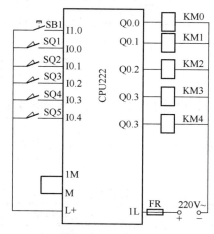

图 3-5   自动剪板机控制系统接线图

2. 程序设计

自动剪板机控制系统梯形图如图 3-6 所示。

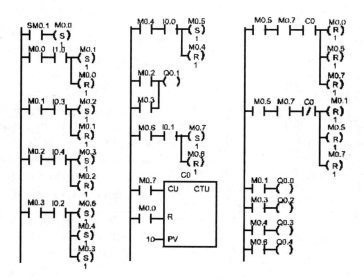

图 3-6   梯形图

3.1.4.2   运行

1. 接线

按图接线，检查电路的正确性，确定连接无误。

2. 调试及排障

1）在断电状态下，连接好 PC/PPI 电缆。

2）打开 PLC 的前盖，将运行模式开关拨到 STOP 位置，此时 PLC 处于停止状态，或者单击工具栏中的 STOP 按钮，可以进行程序编写。

3）在作为编程器的 PC 上，运行 STEP 7-Micro/WIN32 编程软件。

4）用菜单命令"文件"→"新建"，生成一个新项目；用菜单命令"文件"→"打开"，打开一个已有的项目；用菜单命令"文件"→"另存为"，可修改项目的名称。

5）用菜单命令"PLC"→"类型"，设置 PLC 的型号。

6）设置通信参数。

7）编写控制程序。

8）单击工具栏中的"编译"按钮或"全部编译"按钮来编译输入的程序。

9）下载程序文件到 PLC。

10）将运行模式选择开关拨到 RUN 位置，或者单击工具栏的"RUN（运行）"按钮使 PLC 进入运行方式，观察运行情况。

【评价单】

考核项目	考核点	权重	考核标准			得分
			A（1.0）	B（0.8）	C（0.6）	
任务分析（15%）	资料收集	5%	能比较全面地提出需要学习和解决的问题，收集的学习资料较多	能提出需要学习和解决的问题，收集的学习资料较多	能比较笼统地提出一些需要学习和解决的问题，收集的学习资料较少	
	任务分析	10%	能根据产品用途，确定功能和技术指标。产品选型实用性强，符合企业的需要	能根据产品用途，确定功能和技术指标。产品选型实用性强	能根据产品用途，确定功能和技术指标	
方案设计（20%）	系统结构	7%	系统结构清楚，信号表达正确，符合功能要求			
	器件选型	8%	主要器件的选择，论证充分，能够满足功能和技术指标的要求，按钮设置合理，操作简便	主要器件的选择能够满足功能和技术指标的要求，按钮设置合理	主要器件的选择，能够满足功能和技术指标的要求	
	方案汇报	5%	PPT 简洁、美观、信息量丰富，汇报条理性好，语言流畅	PPT 简洁、美观、内容充实，汇报语言流畅	有 PPT，能较好地表达方案内容	
详细设计与制作（50%）	硬件设计	10%	PLC 选型合理，电路设计正确，元件布局合理、美观，接线图走线合理	PLC 选型合理，电路设计正确，元件布局合理，接线图走线合理	PLC 选型合理，电路设计正确，元件布局合理	
	硬件安装	8%	仪器、仪表及工具的使用符合操作规范，元件安装正确规范，布线符合工艺标准，工作环境整洁	仪器、仪表及工具的使用符合操作规范，少量元件安装有松动，布线符合工艺标准	仪器、仪表及工具的使用符合操作规范，元件安装位置不符合要求，有 3～5 根导线不符合布线工艺标准，但接线正确	

续表

考核项目	考核点	权重	考核标准			得分
			A（1.0）	B（0.8）	C（0.6）	
详细设计与制作（50%）	程序设计	22%	程序模块划分正确，流程图符合规范、标准，程序结构清晰，内容完整			
	程序调试	10%	调试步骤清楚，目标明确，有调试方法的描述。调试过程记录完整，有分析，结果正确。出现故障有独立处理能力	程序调试有步骤，有目标，有调试方法的描述。调试过程记录完整，结果正确	程序调试有步骤，有目标。调试过程有记录，结果正确	
技术文档（5%）	设计资料	5%	设计资料完整，编排顺序符合规定，有目录			
学习汇报（10%）		10%	能反思学习过程，认真总结学习经验	能客观总结整个学习过程的得与失		
项目得分						
学生姓名			日期		项目得分	
总结						

任务 2　步进电机控制设计与实现

3.2.1　任务要求

3.2.1.1　项目说明

通过步进电机控制电动滑台在水平方向上移动，实现对物料的传送。系统结构如图 3-7 所示。

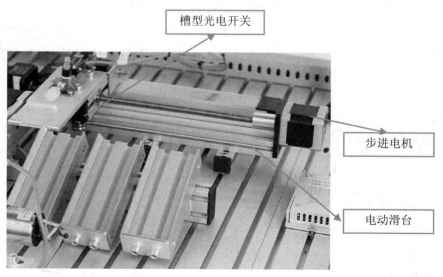

图 3-7　步进电机拖动电动滑台

3.2.1.2　任务引入

应用 PLC 技术控制步进电机运行。

3.2.1.3　甲方要求

（1）用按钮控制步进电机的起动和停止。

（2）通过方向控制按钮改变步进电机的转动方向。

（3）滑台回到初始位置时，步进电机自动停止。

【任务单】

项目名称	电动滑台分拣系统设计与实现	任务名称	步进电机控制设计与实现
学习小组		指导教师	
小组成员			
工作任务			
任务要求			

1. 能对控制系统功能进行分析，归纳出控制要求，确定 PLC 的 I/O 分配；
2. 能绘制 PLC 控制电路图；
3. 能完成 PLC 控制电路的接线安装；
4. 能按照控制要求编写控制程序；
5. 能根据基本指令编写相应的梯形图程序；
6. 能够熟练地把梯形图转换为语句表；
7. 能够将程序输入 PLC；
8. 能完成 PLC 控制系统的调试、运行和分析，对出现的控制故障能进行处理解决

工作过程

1. 任务分析，获得相关资料和信息；
2. 方案设计，讨论设计出硬件连接及程序设计；
3. 安装调试；
4. 教师总结并评定成绩；
5. 讨论、总结、反思学习过程，各小组汇报学习体会，总结学习方法；
6. 提交报告，工作单、材料归档整理

学习资源

1. 多媒体课件
2. PLC 实训台
3. 常用电工仪表
4. 操作手册及相关网站

知识拓展

1. 步进电机、位移传感器的技术规范
2. 步进电机、位移传感器技术指标的检测

3.2.2　任务分析与设计

3.2.2.1　构思

1. 控制元件

起动按钮：起动步进电机

停止按钮：停止步进电机

换向按钮：改变步进电机移动方向

左限位开关：电动滑台初始位置检测

2. 被控对象

步进电机：拖动电动滑台移动

3. 工作原理

当电动滑台处于初始位置时，按下起动按钮，步进电机正向旋转，拖动电动滑台移动；当按下停止按钮时，步进电机停止，通过换向按钮改变电动滑台移动方向。

3.2.2.2　设计

1. I/O 分配

步进电机控制系统 I/O 分配如表 3-2 所示。

表 3-2　步进电机控制系统 I/O 分配

输入		输出	
名称	地址	名称	地址
起动按钮	I0.0	步进电动机	Q0.0
停止按钮	I0.1	换向控制输出	Q0.2
正向按钮	I0.2		
反向按钮	I0.3		
左限位开关	I0.4		

2. PLC 选型

根据 PLC 选型原则，本项目选用 S7-200 CPU224 DC/DC/DC。

【方案设计单】

项目名称	电动滑台分拣系统设计与实现		任务名称	步进电机控制设计与实现
方案设计分工				
子任务	提交材料		承担成员	完成工作时间
PLC 机型选择	PLC 选型分析			
低压电器选型	低压电器选型分析			
位置传感器选型	位置传感器选型分析			
电气安装方案	图纸			
方案汇报	PPT			
学习过程记录				
班级		小组编号		成员	
说明：小组每个成员根据方案设计的任务要求，进行认真学习，并将学习过程的内容（要点）进行记录，同时也将学习中存在的问题进行记录				
方案设计工作过程				
开始时间			完成时间	

说明：根据小组每个成员的学习结果，通过小组分析与讨论，最后形成设计方案

结构框图	
原理说明	
关键器件型号	
实施计划	
存在的问题及建议	

3.2.3　相关知识

3.2.3.1　程序控制指令

程序控制指令用于程序运行状态的控制，主要包括系统控制、跳转、循环、子程序调用等指令。

1. END、STOP、WDR 指令

（1）结束指令

END：条件结束指令，执行条件成立（左侧逻辑值为 1）时结束主程序，返回主程序的第一条指令执行。在梯形图中该指令不连在左侧母线。END 指令只能用于主程序，不能在子程序和中断程序中使用。END 指令无操作数。指令格式如图 3-8 所示。

MEND：无条件结束指令，结束主程序，返回主程序的第一条指令执行。在梯形图中无条件结

束指令直接连左侧母线。用户必须以无条件结束指令，结束主程序（在西门子编程软件中程序会自动添加，用户无需插入）。指令格式如图 3-8 所示。

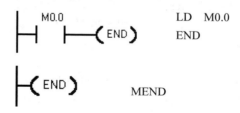

図 3-8　END/MEND 指令格式

条件结束指令，用在无条件结束指令前结束主程序。

在编程结束时一定要写上该指令，否则出错；在调试程序时，在程序的适当位置插入 MEND 指令可以实现程序的分段调试。

必须指出 STEP 7-Micro/WIN32 编程软件，在主程序的结尾自动生成无条件结束指令（MEND）用户不得输入，否则编译出错。

（2）停止指令

STOP：停止指令，执行条件成立，停止执行用户程序，令 CPU 工作方式由 RUN 转到 STOP。在中断程序中执行 STOP 指令，该中断立即终止，并且忽略所有挂起的中断，继续扫描程序的剩余部分，在本次扫描的最后，将 CPU 由 RUN 切换到 STOP。指令格式如图 3-9 所示。

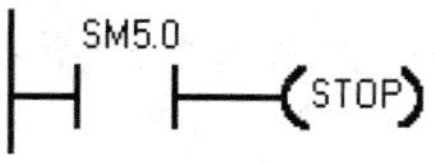

```
    SM5.0              LD SM5.0    //SM5.0 为检测到 I/O 错误时置 1
──┤ ├──(STOP)          STOP        //强制转换至 STOP（停止）模式
```

図 3-9　STOP 指令格式

注意：END 和 STOP 的区别，如图 3-10 所示。当 I0.0 接通时，Q0.0 有输出，若 I0.1 接通，执行 END 指令，终止用户程序，并返回主程序的起点，这样，Q0.0 仍保持接通，但下面的程序不会执行。若 I0.1 断开，接通 I0.2，则 Q0.1 有输出，若将 I0.3 接通，则执行 STOP 指令，立即终止程序执行，Q0.0 与 Q0.1 均复位，CPU 转为 STOP 方式。

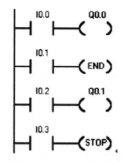

図 3-10　END/STOP 指令的区别

（3）警戒时钟刷新指令

WDR（又称看门狗定时器复位指令）：警戒时钟的定时时间为 300ms，每次扫描它都被自动复位一次，正常工作时，如果扫描周期小于 300ms，警戒时钟不起作用。如果强烈的外部干扰使可编程控制器偏离正常的程序执行路线，警戒时钟不再被周期性地复位，定时时间到，可编程控制器将停止运行。若程序扫描的时间超过 300ms，为了防止在正常的情况下警戒时钟动作，可将警戒时钟刷新指令（WDR）插入到程序中适当的地方，使警戒时钟复位。这样，可以增加一次扫描时间。指令格式如图 3-11 所示。

```
    M2.5
├──┤ ├──(WDR)        LD  M2.5      // M2.5 接通时
                     WDR           //重新触发 WDR，允许扩展扫描时间
```

图 3-11　WDR 指令格式

工作原理：当使能输入有效时，警戒时钟复位。可以增加一次扫描时间。若使能输入无效，警戒时钟定时时间到，程序将终止当前指令的执行，重新起动，返回到第一条指令重新执行。注意：如果使用循环指令阻止扫描完成或严重延迟扫描完成，下列程序只有在扫描循环完成后才能执行：通信（自由口方式除外），I/O 更新（立即 I/O 除外），强制更新，SM 更新，运行时间诊断，中断程序中的 STOP 指令。10ms 和 100ms 定时器对于超过 25s 的扫描不能正确地累计时间。

注意：如果预计扫描时间将超过 500ms，或者预计会发生大量中断活动，可能阻止返回主程序扫描超过 500ms，应使用 WDR 指令，重新触发看门狗计时器。

2．循环、跳转指令

（1）循环指令

程序循环结构用于描述一段程序的重复循环执行。由 FOR 和 NEXT 指令构成程序的循环体。FOR 指令标记循环的开始，NEXT 指令为循环体的结束指令。指令格式如图 3-12 所示。

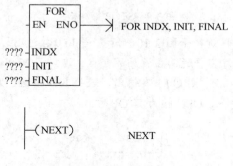

图 3-12　FOR/NEXT 指令格式

在梯形图中，FOR 指令为指令盒格式，EN 为使能输入端。

INDX 为当前值计数器，操作数为：VW，IW，QW，MW，SW，SMW，LW，T，C，AC。

INIT 为循环次数初始值，操作数为：VW，IW，QW，MW，SW，SMW，LW，T，C，AC，AIW，常数。

FINAL 为循环计数终止值。操作数为：VW，IW，QW，MW，SW，SMW，LW，T，C，AC，AIW，常数。

工作原理：使能输入 EN 有效，循环体开始执行，执行到 NEXT 指令时返回，每执行一次循环体，当前值计数器 INDX 增 1，达到终止值 FINAL 时，循环结束。

使能输入无效时，循环体程序不执行。每次使能输入有效，指令自动将各参数复位。

FOR/NEXT 指令必须成对使用，循环可以嵌套，最多为 8 层。

【例 3-2】如图 3-13 所示，当 I0.0 为 ON 时，①所示的外循环执行 3 次，由 VW200 累计循环次数。当 I0.1 为 ON 时，外循环每执行一次，②所示的内循环执行 3 次，且由 VW210 累计循环次数。

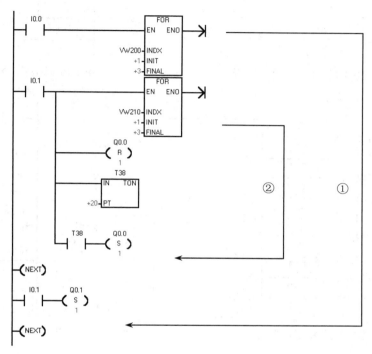

图 3-13　循环指令示例

（2）跳转指令及标号

JMP：跳转指令，使能输入有效时，把程序的执行跳转到同一程序指定的标号（N）处执行。

LBL：指定跳转的目标标号。

操作数 N：0～255。

指令格式如图 3-14 所示。

必须强调的是：跳转指令及标号必须同在主程序内或在同一子程序内、同一中断服务程序内，不可由主程序跳转到中断服务程序或子程序，也不可由中断服务程序或子程序跳转到主程序。

【例 3-3】如图 3-15 所示：图中当 JMP 条件满足（即 I0.0 为 ON）时程序跳转执行 LBL 标号以后的指令，而在 JMP 和 LBL 之间的指令一概不执行，在这个过程中，即使 I0.1 接通也不会有 Q0.1 输出。当 JMP 条件不满足时，则当 I0.1 接通时 Q0.1 有输出。

【例 3-4】JMP、LBL 指令在工业现场控制中，常用于工作方式的选择。如有 3 台电动机 M1～M3，具有两种起停工作方式：

手动操作方式：分别用每个电动机各自的起停按钮控制 M1～M3 的起停状态。

自动操作方式：按下起动按钮，M1～M3 每隔 5s 依次起动；按下停止按钮，M1～M3 同时停止。

PLC 控制的外部接线图、程序结构图、梯形图分别如图 3-16（a）、（b）、（c）所示。

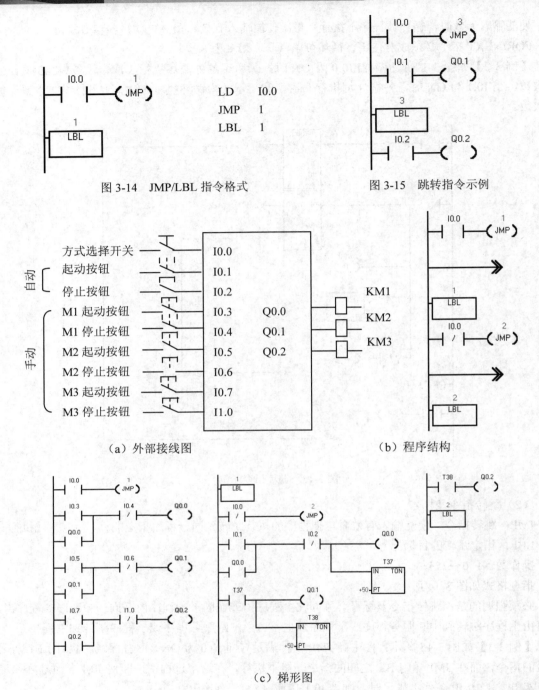

图 3-14 JMP/LBL 指令格式

```
LD    I0.0
JMP   1
LBL   1
```

图 3-15 跳转指令示例

（a）外部接线图   （b）程序结构

（c）梯形图

图 3-16 电动机的手动/自动控制

从控制要求中可以看出，需要在程序中体现两种可以任意选择的控制方式。所以运用跳转指令的程序结构可以满足控制要求。如图 3-16（b）所示，当操作方式选择开关闭合时，I0.0 的常开触点闭合，跳过手动程序段不执行；I0.0 的常闭触点断开，选择自动方式的程序段执行。而操作方式选择开关断开时的情况与此相反，跳过自动方式程序段不执行，选择手动方式程序段执行。

3. 子程序调用及子程序返回指令

通常将具有特定功能、并且多次使用的程序段称为子程序。主程序中用指令决定具体子程序的执行状况。当主程序调用子程序并执行时，子程序执行全部指令直至结束。然后，系统将返回至调用子程序的主程序。子程序用于为程序分段和分块，使其成为较小的、更易于管理的块。在程序中调试和维护时，通过使用较小的程序块，对这些区域和整个程序简单地进行调试和排除故障。只在需要时才调用程序块，可以更有效地使用 PLC，因为所有的程序块可能无须执行每次扫描。

在程序中使用子程序，必须执行下列三项任务：建立子程序；在子程序局部变量表中定义参数（如果有）；从适当的 POU（从主程序或另一个子程序）调用子程序。

（1）建立子程序

可采用下列任一种方法建立子程序：

1）从"编辑"菜单选择"插入（Insert）"→"子程序（Subroutine）"

2）从"指令树"右键单击"程序块"图标，并从弹出菜单选择"插入（Insert）"→"子程序（Subroutine）"。

3）在"程序编辑器"窗口单击右键，并从弹出菜单选择"插入（Insert）"→"子程序（Subroutine）"。

程序编辑器从先前的 POU 显示更改为新的子程序，并且在底部会出现一个新标签，代表新的子程序。此时，可以对新的子程序编程。

用右键双击指令树中的子程序图标，在弹出的菜单中选择"重新命名"，可修改子程序的名称。如果为子程序指定一个符号名，例如 USR_NAME，该符号名会出现在指令树的"子程序"文件夹中。

（2）在子程序局部变量表中定义参数

可以使用子程序的局部变量表为子程序定义参数。注意：程序中每个 POU 都有一个独立的局部变量表，必须在选择该子程序标签后出现的局部变量表中为该子程序定义局部变量。编辑局部变量表时，必须确保已选择适当的标签。每个子程序最多可以定义 16 个输入/输出参数。

（3）子程序调用及子程序返回指令的指令格式

子程序有子程序调用和子程序返回两大类指令，子程序返回又分为条件返回和无条件返回。指令格式如图 3-17 所示。

图 3-17　子程序调用及子程序返回指令格式

CALL SBRN：子程序调用指令。在梯形图中为指令盒的形式。子程序的编号 N 从 0 开始，随着子程序个数的增加自动生成。操作数：N：0～63。

CRET：子程序条件返回指令，条件成立时结束该子程序，返回原调用处的指令 CALL 的下一条指令。

RET：子程序无条件返回指令，子程序必须以本指令作结束。由编程软件自动生成。

子程序可以多次被调用，也可以嵌套（最多 8 层），还可以自己调自己。

子程序调用指令用在主程序和其他调用子程序的程序中，子程序的无条件返回指令在子程序的最后网络段，梯形图指令系统能够自动生成子程序的无条件返回指令，用户无须输入。

（4）带参数的子程序调用指令

带参数的子程序的概念及用途：子程序可能有要传递的参数（变量和数据），这时可以在子程序调用指令中包含相应参数，它可以在子程序与调用程序之间传送。如果子程序仅用要传递的参数和局部变量，则为带参数的子程序（可移动子程序）。为了移动子程序，应避免使用任何全局变量/符号（I、Q、M、SM、AI、AQ、V、T、C、S、AC 内存中的绝对地址），这样可以导出子程序并将其导入另一个项目。子程序中的参数必须有一个符号名（最多为 23 个字符）、一个变量类型和一个数据类型。子程序最多可传递 16 个参数，参数在子程序局部变量表中定义，如图 3-18 所示。

	Name	Var Type	Data Type	Comment	
	EN	IN	BOOL		
L0.0	IN1	IN	BOOL		
LB1	IN2	IN	BYTE		
L2.0	IN3	IN	BOOL		
LD3	IN4	IN	DWORD		
		IN			
LD7	INOUT	IN_OUT	REAL		
		IN_OUT			
LD11	OUT	OUT	REAL		
		OUT			

图 3-18　局部变量表

变量的类型：局部变量表中的变量有 IN、OUT、IN/OUT 和 TEMP 等 4 种类型。

IN（输入）型：将指定位置的参数传入子程序。如果参数是直接寻址（例如 VB10），在指定位置的数值被传入子程序。如果参数是间接寻址（例如*AC1），地址指针指定地址的数值被传入子程序。如果参数是数据常量（16#1234）或地址（&VB100），常量或地址数值被传入子程序。

IN_OUT（输入-输出）型：将指定参数位置的数值传入子程序，并将子程序的执行结果的数值返回至相同的位置。输入/输出型的参数不允许使用常量（例如 16#1234）和地址（例如&VB100）。

OUT（输出）型：将子程序的结果数值返回至指定的参数位置。常量（例如 16#1234）和地址（例如&VB100）不允许用作输出参数。

在子程序中可以使用 IN，IN/OUT，OUT 类型的变量和调用子程序 POU 之间传递参数。

TEMP 型：是局部存储变量，只能用于子程序内部暂时存储中间运算结果，不能用来传递参数。

数据类型：局部变量表中的数据类型包括：能流、布尔（位）、字节、字、双字、整数、双整数和实数型。

- 能流：能流仅用于位（布尔）输入。能流输入必须用在局部变量表中其他类型输入之前。只有输入参数允许使用。在梯形图中表达形式为用触点（位输入）将左侧母线和子程序的指令盒连接起来。如图 3-18 中的使能输入（EN）和 IN1 输入使用布尔逻辑。
- 布尔：该数据类型用于位输入和输出。如图 3-18 中的 IN3 是布尔输入。
- 字节、字、双字：这些数据类型分别用于 1、2 或 4 个字节不带符号的输入或输出参数。
- 整数、双整数：这些数据类型分别用于 2 或 4 个字节带符号的输入或输出参数。
- 实数：该数据类型用于单精度（4 个字节）IEEE 浮点数值。

建立带参数子程序的局部变量表：局部变量表隐藏在程序显示区，将梯形图显示区向下拖动，可以露出局部变量表，在局部变量表输入变量名称、变量类型、数据类型等参数以后，双击指令树中子程序（或选择点击方框快捷键 F9，在弹出的菜单中选择子程序项），在梯形图显示区显示出带参数的子程序调用指令盒。

局部变量表变量类型的修改方法：用光标选中变量类型区，点击鼠标右键得到一个快捷菜单，点击选中的类型，在变量类型区光标所在处可以得到选中的类型。

子程序传递的参数放在子程序的局部存储器（L）中，局部变量表最左列是系统指定的每个被传递参数的局部存储器地址。

带参数子程序调用指令格式：对于梯形图程序，在子程序局部变量表中为该子程序定义参数后（见图 3-18），将生成客户化的调用指令块（见图 3-19），指令块中自动包含子程序的输入参数和输出参数。在梯形图程序的 POU 中插入调用指令：①打开程序编辑器窗口中所需的 POU，光标滚动至调用子程序的网络处。②在指令树中打开"子程序"文件夹然后双击。③为调用指令参数指定有效的操作数。有效操作数为：存储器的地址、常量、全局变量以及调用指令所在的 POU 中的局部变量（并非被调用子程序中的局部变量）。

注意：

①如果在使用子程序调用指令后，修改该子程序的局部变量表，调用指令则无效。必须删除无效调用，并用反映正确参数的最新调用指令代替该调用。

②子程序和调用程序共用累加器。不会因使用子程序对累加器执行保存或恢复操作。

带参数子程序调用的梯形图指令格式如图 3-19 所示。STL 主程序是由编程软件 STEP 7-Micro/WIN32 从梯形图程序建立的 STL 代码。注意：系统保留局部变量存储器 L 内存的 4 个字节（LB60～LB63），用于调用参数。L 内存（如 L60，L63.7）被用来保存布尔输入参数，此类参数在梯形图中被显示为能流输入。图 3-19 中由 STEP 7-Micro/WIN 从梯形图建立的 STL 代码，可在 STL 视图中显示。

若用 STL 编辑器输入与图 3-19 相同的子程序，语句表编程的调用程序为：

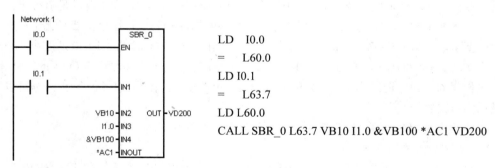

图 3-19　带参数子程序调用

需要说明的是：该程序只能在 STL 编辑器中显示，因为用作能流输入的布尔参数，未在 L 内存中保存。

子程序调用时，输入参数被拷贝到局部存储器。子程序完成时，从局部存储器拷贝输出参数到指令的输出参数地址。

在带参数的"调用子程序"指令中，参数必须与子程序局部变量表中定义的变量完全匹配。参数顺序必须以输入参数开始，其次是输入/输出参数，然后是输出参数。位于指令树中的子程序名称工具将显示每个参数的名称。

调用带参数子程序使 ENO=0 的错误条件是：0008（子程序嵌套超界），SM4.3（运行时间）。

【例 3-5】循环、跳转及子程序指令应用程序，程序如图 3-20 所示。

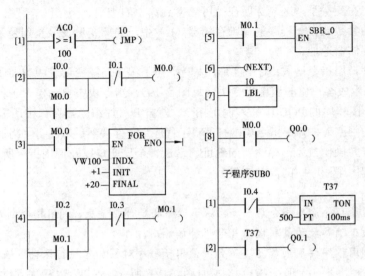

图 3-20　循环、跳转及子程序指令应用程序

应用程序原理分析：

循环和子程序指令执行期间，使能端要保持有效，使能端无效的复位信号可以由内部和外部信号控制，也可以取自循环体和调用程序的结束标志。

本程序的比较指令在跳转条件不满足时，顺序执行循环程序，I0.0 点闭合，M0.0 通电自锁，执行循环体之间的程序，也可以用 I0.0 点直接控制循环体，但在循环程序执行期间 I0.0 点需要始终闭合。在执行循环体期间，若使 I0.2 点闭合，则调用子程序 SUB0，为了能满足执行子程序所需要的时间，增加了 M0.1 的自锁电路，以满足子程序执行时间的要求，这里主要考虑子程序中定时器的时间要求。如果子程序 SUB0 中没有定时器的时间要求，也可以直接用 I0.2 点或其他短时闭合的接点实现子程序的调用。子程序中 I0.4 的动断点用于定时器 T37 和输出点 Q0.1 的接通和复位。如果将本程序的子程序调用使能端无效的复位信号，I0.3 动断点改为 Q0.1 动断点，则可以实现子程序调用的自动复位。

本程序的比较指令在跳转条件满足时，不执行循环程序和子程序调用指令。

3.2.3.2　中断程序与中断指令

S7-200 设置了中断功能，用于实时控制、高速处理、通信和网络等复杂和特殊的控制任务。中断就是终止当前正在运行的程序，去执行为立即响应的信号而编制的中断服务程序，执行完毕再返回原先被终止的程序并继续运行。

1. 中断源

（1）中断源的类型

中断源即发出中断请求的事件，又叫中断事件。为了便于识别，系统给每个中断源都分配一个编号，称为中断事件号。S7-200 系列可编程控制器最多有 34 个中断源，分为三大类：通信中断、输入/输出中断（I/O 中断）和时基中断。

通信中断：在自由口通信模式下，用户可通过编程来设置波特率、奇偶校验和通信协议等参数。用户通过编程控制通信端口的事件为通信中断。

I/O 中断：I/O 中断包括外部输入上升/下降沿中断、高速计数器中断和高速脉冲输出中断。S7-200 用输入点（I0.0、I0.1、I0.2 或 I0.3）上升/下降沿产生中断。这些输入点用于捕获在发生时必须立即处理的事件。高速计数器中断指对高速计数器运行时产生的事件实时响应，包括当前值等于预设值时产生的中断，计数方向改变时产生的中断或计数器外部复位产生的中断。脉冲输出中断是指预定数目脉冲输出完成而产生的中断。

时基中断：时基中断包括定时中断和定时器 T32/T96 中断。定时中断用于支持一个周期性的活动。周期时间从 1～255ms，时基是 1ms。使用定时中断 0，必须在 SMB34 中写入周期时间；使用定时中断 1，必须在 SMB35 中写入周期时间。将中断程序连接在定时中断事件上，若定时中断被允许，则计时开始，每当达到定时时间值，执行中断程序。定时中断可以用来对模拟量输入进行采样或定期执行 PID 回路。定时器 T32/T96 中断指允许对定时时间间隔产生中断。这类中断只能用时基为 1ms 的定时器 T32/T96 构成。当中断被启用后，当前值等于预置值时，在 S7-200 执行的正常 1ms 定时器更新的过程中，执行连接的中断程序。

（2）中断优先级和排对等候

优先级是指多个中断事件同时发出中断请求时，CPU 对中断事件响应的优先次序。S7-200 规定的中断优先级由高到低依次是：通信中断、I/O 中断和定时中断。每类中断中不同的中断事件又有不同的优先权，如表 3-3 所示。

表 3-3　中断事件及优先级

优先级分组	组内优先级	中断事件号	中断事件说明	中断事件类别
通信中断	0	8	通信口 0：接收字符	通信口 0
	0	9	通信口 0：发送完成	
	0	23	通信口 0：接收信息完成	
	1	24	通信口 1：接收信息完成	通信口 1
	1	25	通信口 1：接收字符	
	1	26	通信口 1：发送完成	
I/O 中断	0	19	PTO0 脉冲串输出完成中断	脉冲输出
	1	20	PTO1 脉冲串输出完成中断	
	2	0	I0.0 上升沿中断	外部输入
	3	2	I0.1 上升沿中断	
	4	4	I0.2 上升沿中断	
	5	6	I0.3 上升沿中断	
	6	1	I0.0 下降沿中断	
	7	3	I0.1 下降沿中断	
	8	5	I0.2 下降沿中断	
	9	7	I0.3 下降沿中断	

优先级分组	组内优先级	中断事件号	中断事件说明	中断事件类别
I/O 中断	10	12	HSC0 当前值=预置值中断	高速计数器
	11	27	HSC0 计数方向改变中断	
	12	28	HSC0 外部复位中断	
	13	13	HSC1 当前值=预置值中断	
	14	14	HSC1 计数方向改变中断	
	15	15	HSC1 外部复位中断	
	16	16	HSC2 当前值=预置值中断	
	17	17	HSC2 计数方向改变中断	
	18	18	HSC2 外部复位中断	
	19	32	HSC3 当前值=预置值中断	
	20	29	HSC4 当前值=预置值中断	
	21	30	HSC4 计数方向改变	
	22	31	HSC4 外部复位	
	23	33	HSC5 当前值=预置值中断	
定时中断	0	10	定时中断 0	定时
	1	11	定时中断 1	
	2	21	定时器 T32 CT=PT 中断	定时器
	3	22	定时器 T96 CT=PT 中断	

一个程序中总共可有 128 个中断。S7-200 在各自的优先级组内按照先来先服务的原则为中断提供服务。在任何时刻，只能执行一个中断程序。一旦一个中断程序开始执行，则一直执行至完成。不能被另一个中断程序打断，即使是更高优先级的中断程序。中断程序执行时，新的中断请求按优先级排队等候。中断队列能保存的中断个数有限，若超出，则会产生溢出。

中断队列的最多中断个数和溢出标志位如表 3-4 所示。

表 3-4　中断队列的最多中断个数和溢出标志位

队列	CPU221	CPU222	CPU224	CPU226 和 CPU226 XM	溢出标志位
通信中断队列	4	4	4	8	SM4.0
I/O 中断队列	16	16	16	16	SM4.1
定时中断队列	8	8	8	8	SM4.2

2. 中断指令

中断指令有 4 条，包括开、关中断指令和中断连接、分离指令。指令格式如表 3-5 所示。

（1）开、关中断指令

开中断（ENI）指令全局性允许所有中断事件。关中断（DISI）指令全局性禁止所有中断事件，中断事件的每次出现均被排队等候，直至使用全局开中断指令重新启用中断。

表 3-5　中断指令表

指令名称	梯形图符号	助记符	操作数及数据类型
开中断指令 ENI	─(ENI)	ENI	无
关中断指令 DISI	─(DISI)	DISI	无
中断连接指令 ATCH	ATCH EN　ENO ????─INT ????─EVNT	ATCH INT, EVNT	INT：常量　0～127 EVNT：常量，CPU224：0～23；27～33 INT/EVNT 数据类型：字节
分离中断指令 DTCH	DTCH EN　ENO ????─EVNT	DTCH　EVNT	EVNT：常量，CPU224：0～23；27～33 数据类型：字节

PLC 转换到 RUN（运行）模式时，中断开始时被禁用，可以通过执行开中断指令，允许所有中断事件。执行关中断指令会禁止处理中断，但是现用中断事件将继续排队等候。

（2）中断连接、分离指令

中断连接（ATCH）指令将中断事件（EVNT）与中断程序号码（INT）相连接，并启用中断事件。

分离中断（DTCH）指令取消某中断事件（EVNT）与所有中断程序之间的连接，并禁用该中断事件。

注意：一个中断事件只能连接一个中断程序，但多个中断事件可以调用一个中断程序。

（3）中断程序

1）中断程序的概念

中断程序是为处理中断事件而事先编好的程序。中断程序不是由程序调用，而是在中断事件发生时由操作系统调用。在中断程序中不能改写其他程序使用的存储器，最好使用局部变量。中断程序应实现特定的任务，应"越短越好"，中断程序由中断程序号开始，以无条件返回指令（CRETI）结束。在中断程序中禁止使用 DISI、ENI、HDEF、LSCR 和 END 指令。

2）建立中断程序的方法

方法一：从"编辑"菜单选择"插入（Insert）"→"中断（Interrupt）"。

方法二：从指令树用鼠标右键单击"程序块"图标并从弹出菜单选择"插入（Insert）"→"中断（Interrupt）"。

方法三：在"程序编辑器"窗口单击鼠标右键，从弹出菜单中选择"插入（Insert）"→"中断（Interrupt）"。

程序编辑器从先前的 POU 显示更改为新中断程序，在程序编辑器的底部会出现一个新标记，代表新的中断程序。

【例 3-6】编写由 I0.1 的上升沿产生的中断事件的初始化程序。

分析：查表 3-3 可知，I0.1 上升沿产生的中断事件号为 2。所以在主程序中用 ATCH 指令将事件号 2 和中断程序 0 连接起来，并全局开中断。程序如图 3-21 所示。要求每 10ms 采样一次。

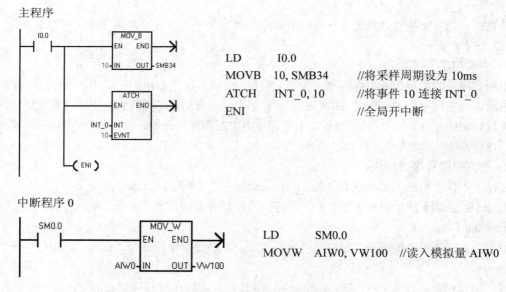

主程序

```
LD SM0.1          //首次扫描时
ATCH INT_0 2      //将 INT_0 和 EVNT2 连接
ENI               //并全局启用中断
LD SM5.0          //如果检测到 I/O 错误
DTCH 2            //禁用用于 I0.1 的上升沿中断
                  （本网络为选项）
LD M5.0           //当 M5.0=1 时
DISI              //禁用所有的中断
```

图 3-21　I0.1 上升沿中断时间的初始化程序

【例 3-7】编程完成采样工作，

分析：完成每 10ms 采样一次，需用定时中断，查表 3-3 可知，定时中断 0 的中断事件号为 10。因此在主程序中将采样周期（10ms）即定时中断的时间间隔写入定时中断 0 的特殊存储器 SMB34，并将中断事件 10 和 INT_0 连接，全局开中断。在中断程序 0 中，将模拟量输入信号读入，程序如图 3-22 所示。

主程序

```
LD         I0.0
MOVB       10, SMB34    //将采样周期设为 10ms
ATCH       INT_0, 10    //将事件 10 连接 INT_0
ENI                     //全局开中断
```

中断程序 0

```
LD         SM0.0
MOVW       AIW0, VW100  //读入模拟量 AIW0
```

图 3-22　定时中断采样的程序

【例 3-8】利用定时中断功能编制一个程序，实现如下功能：当 I0.0 由 OFF→ON，Q0.0 亮 1s，灭 1s，如此循环反复直至 I0.0 由 ON→OFF，Q0.0 变为 OFF。

程序如图 3-23 所示。

主程序

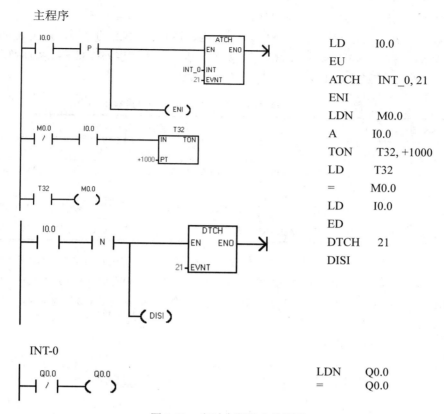

```
LD      I0.0
EU
ATCH    INT_0, 21
ENI
LDN     M0.0
A       I0.0
TON     T32, +1000
LD      T32
=       M0.0
LD      I0.0
ED
DTCH    21
DISI
```

INT-0

```
LDN     Q0.0
=       Q0.0
```

图 3-23　定时中断输出的程序

3.2.3.3　比较指令

比较指令用于两个相同数据类型的有符号数或无符号数 IN1 和 IN2 的比较判断操作。

比较运算符有：等于（=）、大于等于（>=）、小于等于（<=）、大于（>）、小于（<）、不等于（<>），共 6 种比较形式。

在梯形图中，比较指令是以动合触点的形式编程的，在动合触点的中间注明比较参数和比较运算法。触点中间的参数 B、I、D、R 分别表示字节、整数、双字、实数，当比较的结果满足比较关系式给出的条件时，该动合触点闭合。比较指令在梯形图中的基本格式如图 3-24 所示。

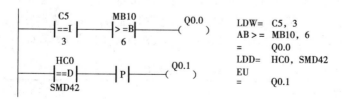

```
LDW=    C5, 3
AB >=   MB10, 6
=       Q0.0
LDD=    HC0, SMD42
EU
=       Q0.1
```

图 3-24　比较指令在梯形图中的基本格式

- 字节比较指令：用于两个无符号的整数字节 IN1 和 IN2 的比较；
- 整数比较指令：用于两个有符号的一个字长的整数 IN1 和 IN2 的比较，整数范围为十六进制的 8000～7FFF，在 S7-200 PLC 中，用 16#8000～16#7FFF 表示；
- 双字节整数比较指令：用于两个有符号的双字节整数 IN1 和 IN2 的比较。双字节整数的范围为：16#80000000～16#7FFFFFFF；

- 实数比较指令：用于两个有符号的双字长实数 IN1 和 IN2 的比较，正实数的范围为：+1.175495E-38～+3.402823E+38，负实数的范围为：-1.175495E-38～-3.402823E+38。

表 3-6 列出了比较指令的操作数 IN1 和 IN2 的寻址范围。

表 3-6　比较指令的操作数 IN1 和 IN2 的寻址范围

操作数	类型	寻址范围
IN1 IN2	字节	VB，IB，QB，MB，SB，SMB，LB，AC，*VD，*AC，*LD 和常数
	整数	VW，IW，QW，MW，SW，SMW，LW，AIW，T，C，AC，*VD，*AC，*LD 和常数
	双字	VD，ID，QD，MD，SD，SMD，LD，HC，AC，*VD，*AC，*LD 和常数
	实数	VD，ID，QD，MD，SD，SMD，LD，AC，*VD，*AC，*LD 和常数

图 3-25 所示为一个比较指令使用较多的程序段，从图中可以看出：计数器 C10 中的当前值大于等于 20 时，Q0.0 为 ON；VD100 中的实数小于 36.8 且 I0.0 为 ON 时，Q0.1 为 ON，MB1 中的值不等于 MB2 中的值或者高速计数器 HC1 的计数值大于等于 4000 时，Q0.2 为 ON。

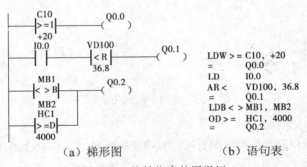

（a）梯形图　　　　　（b）语句表

图 3-25　比较指令使用举例

3.2.3.4　数据转换指令

转换指令是对操作数的类型进行转换，并输出到指定目标地址中去。转换指令包括数据的类型转换指令、数据的编码和译码指令以及字符串类型转换指令。

不同功能的指令对操作数要求不同。类型转换指令可将固定的一个数据用到不同类型要求的指令中，包括字节与字整数之间的转换，整数与双整数的转换，双字整数与实数之间的转换，BCD 码与整数之间的转换等。表 3-7 为转换指令表，表 3-8 为转换指令 IN 和 OUT 的寻址范围。

表 3-7　转换指令表

指令名称	梯形图符号	助记符	指令功能及说明
字节型转换为 字整数 BTI	B_I EN　ENO ????-IN　OUT-????	BTI　IN，OUT	以功能框的形式编程，当允许输入 EN 有效时，将字节数值（IN）转换成整数值，并将结果置入 OUT 指定的存储单元。因为字节不带符号，所以无符号扩展 ENO=0 的错误条件：0006　间接地址 SM4.3　运行时间

指令名称	梯形图符号	助记符	指令功能及说明
字整数转换为字节型 ITB	I_B EN ENO ????–IN OUT–????	ITB IN,OUT	以功能框的形式编程，当允许输入 EN 有效时，将字整数（IN）转换成字节，并将结果置入 OUT 指定的存储单元。输入的字整数 0～255 被转换。超出部分导致溢出，SM1.1=1。输出不受影响 ENO=0 的错误条件：0006　间接地址 SM1.1　溢出或非法数值 SM4.3　运行时间
字整数转换为双字整数 ITD	I_DI EN ENO ????–IN OUT–????	ITD IN,OUT	以功能框的形式编程，当允许输入 EN 有效时，将整数值（IN）转换成双整数值，并将结果置入 OUT 指定的存储单元。符号被扩展 ENO=0 的错误条件：0006　间接地址 SM4.3　运行时间
双字整数转字整数 DTI	DI_I EN ENO ????–IN OUT–????	DTI IN,OUT	以功能框的形式编程，当允许输入 EN 有效时，将双整数值（IN）转换成整数值，并将结果置入 OUT 指定的存储单元。如果转换的数值过大，则无法在输出中表示，产生溢出 SM1.1=1，输出不受影响 ENO=0 的错误条件：0006　间接地址 SM1.1　溢出或非法数值 SM4.3　运行时间
双字整数转换为实数 DTR	DI_R EN ENO ????–IN OUT–????	DTR IN,OUT	以功能框的形式编程，当允许输入 EN 有效时，将 32 位带符号整数 IN 转换成 32 位实数，并将结果置入 OUT 指定的存储单元 ENO=0 的错误条件：0006　间接地址 SM4.3　运行时间
实数转换为双字整数（四舍五入）ROUND	ROUND EN ENO ????–IN OUT–????	ROUND IN, OUT	以功能框的形式编程，当允许输入 EN 有效时，按小数部分依四舍五入的原则，将实数（IN）转换成双整数值，并将结果置入 OUT 指定的存储单元 ENO=0 的错误条件：0006　间接地址 SM1.1　溢出或非法数值 SM4.3　运行时间
实数转换为双字整数（截位取整）TRUNC	TRUNC EN ENO ????–IN OUT–????	TRUNC IN, OUT	以功能框的形式编程，当允许输入 EN 有效时，将小数部分依直接舍去的原则，将 32 位实数（IN）转换成 32 位双整数，并将结果置入 OUT 指定存储单元 ENO=0 的错误条件：0006　间接地址 SM1.1　溢出或非法数值 SM4.3　运行时间
BCD 码转换为整数 BCDI	BCD_I EN ENO ????–IN OUT–????	BCDI OUT	以功能框的形式编程，当允许输入 EN 有效时，将二进制编码的十进制数 IN 转换成整数，并将结果送入 OUT 指定的存储单元。IN 的有效范围是 BCD 码 0～9999 ENO=0 的错误条件：0006　间接地址 SM1.6　无效 BCD 数值 SM4.3　运行时间

指令名称	梯形图符号	助记符	指令功能及说明
整数转换为 BCD 码 IBCD	I_BCD EN ENO ????–IN OUT–????	IBCD OUT	以功能框的形式编程，当允许输入 EN 有效时，将输入整数 IN 转换成二进制编码的十进制数，并将结果送入 OUT 指定的存储单元。IN 的有效范围是 0～9999 ENO=0 的错误条件：0006 间接地址 SM1.6 无效 BCD 数值 SM4.3 运行时间
ASCII 码转换为十六进制数 ATH	ATH EN ENO ????–IN OUT–???? ????–LEN	ATH IN, OUT, LEN	以功能框的形式编程，当允许输入 EN 有效时，将从 IN 开始的长度为 LEN 的 ASCII 字符转换成十六进制数，放入从 OUT 开始的存储单元 ENO=0 的错误条件：0006 间接地址 SM4.3 运行时间 0091 操作数范围超界 SM1.7 非法 ASCII 数值 （仅限 ATH）
十六进制数转换为 ASCII 码 HTA	HTA EN ENO ????–IN OUT–???? ????–LEN	HTA IN, OUT, LEN	以功能框的形式编程，当允许输入 EN 有效时，将从 IN 开始的长度为 LEN 的十六进制数转换成 ASCII 字符，放入从 OUT 开始的存储单元 ENO=0 的错误条件：0006 间接地址 SM4.3 运行时间 0091 操作数范围超界 SM1.7 非法 ASCII 数值 （仅限 ATH）

表 3-8 转换指令 IN 和 OUT 的寻址范围

指令	操作数	类型	寻址范围
字节转换	IN	BYTE	VB, IB, QB, MB, SB, SMB, LB, AC, 常数
	OUT	BYTE	VB, IB, QB, MB, SB, SMB, LB, AC
整数转换	IN	INT	VW, IW, QW, MW, SW, SMW, LW, T, C, AIW, AC, 常数
	OUT	INT	VW, IW, QW, MW, SW, SMW, LW, T, C, AC
双整数转换	IN	DINT	VD, ID, QD, MD, SD, SMD, LD, HC, AC, 常数
	OUT	DINT	VD, ID, QD, MD, SD, SMD, LD, AC
实数转换	IN	REAL	VD, ID, QD, MD, SD, SMD, LD, AC, 常数
	OUT	REAL	VD, ID, QD, MD, SD, SMD, LD, AC
BCD 码与字的转换	IN	WORD	VW, IW, QW, MW, SW, SMW, LW, T, C, AIW, AC, 常数
	OUT	WORD	VW, IW, QW, MW, SW, SMW, LW, T, C, AC
ASCII 码与十六进制数的转换	IN/OUT	BYTE	VB, IB, QB, MB, SB, SMB, LB
	LEN	BYTE	VB, IB, QB, MB, SB, SMB, LB, AC, 常数

不论是四舍五入取整，还是截位取整，如果转换的实数数值过大，无法在输出中表示，则产生

溢出，即影响溢出标志位，使 SM1.1=1，输出不受影响。

数据长度为字的 BCD 格式的有效范围为：0～9999（十进制），0000～9999（十六进制）0000 00000000 0000～1001 1001 1001 1001（BCD 码）。

指令影响特殊标志位 SM1.6（无效 BCD）。

在表 3-7 的 LAD 和 STL 指令中，IN 和 OUT 的操作数地址相同。若 IN 和 OUT 操作数地址不是同一个存储器，对应的语句表指令为：

MOV　IN　OUT

BCDI　OUT

合法的 ASCII 码对应的十六进制数包括 30H～39H，41H～46H。如果在 ATH 指令的输入中包含非法的 ASCII 码，则终止转换操作，特殊内部标志位 SM1.7 置位为 1。

【例 3-9】将 VB10～VB12 中存放的 3 个 ASCII 码 33、45、41，转换成十六进制数。

梯形图和语句表程序如图 3-26 所示。

```
                                    LD    I1.0
                                    ATH   VB10, VB20, 3
```

图 3-26　梯形图和语句表程序

程序运行结果如下：

可见将 VB10～VB12 中存放的 3 个 ASCII 码 33、45、41，转换成十六进制数 3E 和 Ax，放在 VB20 和 VB21 中，"x" 表示 VB21 的 "半字节" 即低四位的值未改变。

3.2.3.5　数学运算指令

在算术运算中，数据类型为整数 INT、双整数 DINT、实数 REAL，对应的运算结果分别为整数、双整数和实数，除法不保留余数。运算结果如超出允许范围，溢出位被置 1。表 3-9 所示为常用的加法运算指令，表 3-10 所示为算术运算指令操作数的寻址范围。

表 3-9　加法运算指令表

指令名称	梯形图符号	助记符	指令功能
整数加法 ADD_I	ADD_I EN　ENO IN1　OUT IN2	+I IN1,OUT	以功能框的形式编程，当允许输入 EN 有效时，将 2 个字型有符号整数 IN1 和 IN2 相加，产生 1 个字型整数和 OUT（字存储单元），这里 IN2 与 OUT 是同一存储单元
双整数加法 ADD_DI	ADD_DI EN　ENO IN1　OUT IN2	+D IN1,OUT	以功能框的形式编程，当允许输入 EN 有效时，将 2 个双字型有符号整数 IN1 和 IN2 相加，产生 1 个双字型整数和 OUT（双字存储单元），这里 IN2 与 OUT 是同一存储单元

指令名称	梯形图符号	助记符	指令功能
实数加法 ADD_R	ADD_R EN　ENO IN1　OUT IN2	+R IN1,OUT	以功能框的形式编程，当允许输入 EN 有效时，将 2 个双字长实数 IN1 和 IN2 相加，产生 1 个双字长实数和 OUT（双字存储单元），这里 IN2 与 OUT 是同一存储单元

表 3-10　算术运算指令 IN1、IN2 和 OUT 的寻址范围

指令	操作数	类型	寻址范围
整数	IN1、IN2	INT	VW，IW，QW，MW，SMW，LW，SW，AC，*AC，*LD，*VD，T，C，AIW 和常数
	OUT	INT	VW，IW，QW，MW，SMW，LW，SW，T，C，AC，*AC，*LD，*VD
双整数	IN1、IN2	DINT	VD，ID，QD，MD，SMD，LD，SD，AC，*AC，*LD，*VD，HC 和常数
	OUT	DINT	VD，ID，QD，MD，SMD，LD，SD，AC，*AC，*LD，*VD
实数	IN1、IN2	REAL	VD，ID，QD，MD，SMD，LD，AC，SD，*AC，*LD，*VD 和常数
	OUT	REAL	VD，ID，QD，MD，SMD，LD，AC，*AC，*LD，*VD，SD
完全整数	IN1、IN2	INT	VW，IW，QW，MW，SMW，LW，SW，AC，*AC，*LD，*VD，T，C，AIW 和常数
	OUT	DINT	VD，ID，QD，MD，SMD，LD，SD，AC，*AC，*LD，*VD

　　加法指令是对两个有符号数进行相加操作，减法指令是对两个有符号数进行相减操作。表 3-11 所示为常用的减法运算指令，与加法指令一样，也分为整数减法指令、双整数减法指令及实数减法指令。运算指令中操作数的寻址范围见表 3-10。

表 3-11　减法运算指令表

指令名称	梯形图符号	助记符	指令功能
整数减法 SUB_I	SUB_I EN　ENO IN1　OUT IN2	-I IN2,OUT	以功能框的形式编程，当允许输入 EN 有效时，将 2 个字型有符号整数 IN1 和 IN2 相减，产生 1 个字型整数和 OUT（字存储单元），这里 IN1 与 OUT 是同一存储单元
双整数减法 SUB_DI	SUB_DI EN　ENO IN1　OUT IN2	-D IN2,OUT	以功能框的形式编程，当允许输入 EN 有效时，将 2 个双字型有符号整数 IN1 和 IN2 相减，产生 1 个双字型整数和 OUT（双字存储单元），这里 IN1 与 OUT 是同一存储单元
实数减法 SUB_R	SUB_R EN　ENO IN1　OUT IN2	-R IN2,OUT	以功能框的形式编程，当允许输入 EN 有效时，将 2 个双字长实数 IN1 和 IN2 相减，产生 1 个双字长实数和 OUT（双字存储单元），这里 IN1 与 OUT 是同一存储单元

整数与双整数加减法指令影响算术标志位 SM1.0（零标志位）、SM1.1（溢出标志位）和 SM1.2（负数标志位）。

【例 3-10】求 5000 加 400 的和，5000 在数据存储器 VW200 中，结果放入 AC0。程序如图 3-27 所示。

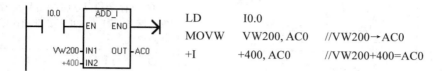

```
LD      I0.0
MOVW    VW200, AC0    //VW200→AC0
+I      +400, AC0     //VW200+400=AC0
```

图 3-27 程序图及运行结果

表 3-12 所示为常用的乘（除）法运算指令，乘（除）法运算指令是对两个有符号数进行相乘（除）运算。可分为整数乘（除）指令、双整数乘（除）指令、完全整数乘（除）指令及实数、整数乘（除）指令。乘法指令中 IN2 与 OUT 为同一个存储单元，而除法指令中 IN1 与 OUT 为同一个存储单元。

表 3-12 乘法、除法运算指令表

指令名称	梯形图符号	助记符	指令功能
整数乘法 MUL_I	MUL_I EN ENO IN1 OUT IN2	×I IN1,OUT	以功能框的形式编程，当允许输入 EN 有效时，将 2 个字型有符号整数 IN1 和 IN2 相乘，产生 1 个字型整数积 OUT（字存储单元），这里 IN2 与 OUT 是同一存储单元
完全整数乘法 MUL	MUL EN ENO IN1 OUT IN2	MUL IN1,OUT	以功能框的形式编程，当允许输入 EN 有效时，将 2 个字型有符号整数 IN1 和 IN2 相乘，产生 1 个双字型整数积 OUT（双字存储单元），这里 IN2 与 OUT 的低 16 位是同一存储单元
双整数乘法 MUL_DI	MUL_DI EN ENO IN1 OUT IN2	×D IN1,OUT	以功能框的形式编程，当允许输入 EN 有效时，将 2 个双字长有符号整数 IN1 和 IN2 相乘，产生 1 个双字型整数积 OUT（双字存储单元），这里 IN2 与 OUT 是同一存储单元
实数乘法 MUL_R	MUL_R EN ENO IN1 OUT IN2	×R IN1,OUT	以功能框的形式编程，当允许输入 EN 有效时，将 2 个双字长实数 IN1 和 IN2 相乘，产生 1 个实数积 OUT（双字存储单元），这里 IN2 与 OUT 是同一存储单元
整数除法 DIV_I	DIV_I EN ENO IN1 OUT IN2	/IN2,OUT	以功能框的形式编程，当允许输入 EN 有效时，用字型有符号整数 IN1 除以 IN2，产生 1 个字型整数商 OUT（字存储单元，不保留余数），这里 IN1 与 OUT 是同一存储单元

指令名称	梯形图符号	助记符	指令功能
完全整数除法 DIV	DIV EN ENO IN1 OUT IN2	DIV IN2, OUT	以功能框的形式编程，当允许输入 EN 有效时，用字型有符号整数 IN1 除以 IN2，产生 1 个双字型结果 OUT，低 16 位存商，高 16 位存余数。低 16 位运算前存放被除数，这里 IN1 与 OUT 的低 16 位是同一存储单元
双整数除法 DIV_DI	DIV_DI EN ENO IN1 OUT IN2	/D IN2, OUT	以功能框的形式编程，当允许输入 EN 有效时，将双字长有符号整数 IN1 除以 IN2，产生 1 个整数商 OUT（双字存储单元，不保留余数），这里 IN1 与 OUT 是同一存储单元
实数除法 DIV_R	DIV_R EN ENO IN1 OUT IN2	×R IN1, OUT	以功能框的形式编程，当允许输入 EN 有效时，双字长实数 IN1 除以 IN2，产生 1 个实数商 OUT（双字存储单元），这里 IN1 与 OUT 是同一存储单元

【例 3-11】乘除法指令应用举例，程序如图 3-28 所示。

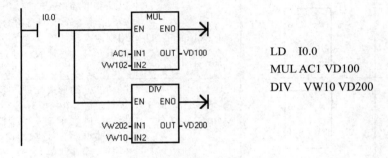

```
LD   I0.0
MUL AC1 VD100
DIV  VW10 VD200
```

图 3-28　乘除法指令应用举例

因为 VD100 包含 VW100 和 VW102 两个字，VD200 包含 VW200 和 VW202 两个字，所以在语句表指令中不需要使用数据传送指令。

【例 3-12】实数运算指令的应用，程序如图 3-29 所示。

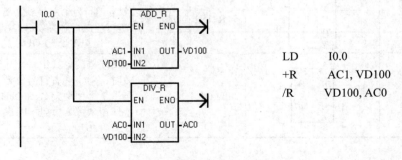

```
LD    I0.0
+R    AC1, VD100
/R    VD100, AC0
```

图 3-29　实数运算指令的应用举例

3.2.3.6　增减指令

增减指令又称为自动加 1 或自动减 1 指令。数据长度可以是字节、字、双字，表 3-13 列出了几种不同数据长度的增减指令。表 3-14 所示为指令中 IN 及 OUT 的寻址范围。

表 3-13　增减指令表

指令名称	梯形图符号	助记符	指令功能
字节加 1 INC_B	INC_B EN　ENO IN　OUT	INCB OUT	以功能框的形式编程，当允许输入 EN 有效时，将 1 字节长的无符号数 IN 自动加 1，输出结果 OUT 为 1 个字节长的无符号数，指令执行结果：IN+1=OUT
字节减 1 DEC_B	DEC_B EN　ENO IN　OUT	DECB OUT	以功能框的形式编程，当允许输入 EN 有效时，将 1 字节长的无符号数 IN 自动减 1，输出结果 OUT 为 1 个字节长的无符号数，指令执行结果：IN−1=OUT
字加 1 INC_W	INC_W EN　ENO IN　OUT	INCW OUT	以功能框的形式编程，当允许输入 EN 有效时，将 1 个字长的有符号数 IN 自动加 1，输出结果 OUT 为 1 个字长的有符号数，指令执行结果：IN+1=OUT
字减 1 DEC_W	DEC_W EN　ENO IN　OUT	DECW OUT	以功能框的形式编程，当允许输入 EN 有效时，将 1 个字长的有符号数 IN 自动减 1，输出结果 OUT 为 1 个字长的有符号数，指令执行结果：IN−1=OUT
双字加 1 INC_DW	INC_DW EN　ENO IN　OUT	INCD OUT	以功能框的形式编程，当允许输入 EN 有效时，将 1 个双字长（32 位）的有符号数 IN 自动加 1，输出结果 OUT 为 1 个双字长的有符号数，指令执行结果：IN+1=OUT
双字减 1 DEC_DW	DEC_DW EN　ENO IN　OUT	DECD OUT	以功能框的形式编程，当允许输入 EN 有效时，将 1 个双字长（32 位）的有符号数 IN 自动减 1，输出结果 OUT 为 1 个双字长的有符号数，指令执行结果：IN−1=OUT

表 3-14　增减指令中 IN 和 OUT 的寻址范围

指令	操作数	类型	寻址范围
字节增减	IN	BYTE	VB，IB，MB，QB，LB，SB，SMB，AC，*AC，*LD，*VD 和常数
	OUT	BYTE	VB，IB，MB，QB，SMB，LB，SB，AC，*AC，*LD，*VD
字增减	IN	WORD	VW，IW，QW，MW，SMW，LW，SW，AC，*AC，*LD，*VD 和常数
	OUT	WORD	VW，IW，QW，MW，SMW，LW，SW，AC，*AC，*LD，*VD
双字增减	IN	DWORD	VD，ID，QD，MD，SMD，LD，SD，AC，*AC，*LD，*VD 和常数
	OUT	DWORD	VD，ID，QD，MD，SMD，LD，SD，AC，*AC，*LD，*VD

（1）使 ENO = 0 的错误条件：SM4.3（运行时间），0006（间接地址），SM1.1（溢出）。

（2）影响标志位：SM1.0（零），SM1.1（溢出），SM1.2（负数）。

（3）在梯形图指令中，IN 和 OUT 可以指定为同一存储单元，这样可以节省内存，在语句表指令中不需使用数据传送指令。

3.2.3.7　传送指令

传送指令用于在各个编程元件之间进行数据传送。根据每次传送数据的数量，可分为单个传送指令和块传送指令。

1. 单个传送指令 MOVB、MOVW、MOVD、MOVR

单个传送指令每次传递 1 个数据，传送数据的类型分为字节传送、字传送、双字传送和实数传送。表 3-15 列出了单个传送指令的类别。影响允许输出 ENO 正常工作的出错条件：SM4.3（运行时间），0006（间接寻址）。IN 和 OUT 的寻址范围如表 3-16 所示。

表 3-15　单个传送类指令表

指令名称	梯形图符号	助记符	指令功能
字节传送 MOV_B	MOV_B EN ENO ???? IN OUT ????	MOVB IN,OUT	以功能框的形式编程，当允许输入 EN 有效时，将 1 个无符号的单字节数据 IN 传送到 OUT 中
字传送 MOV_W	MOV_W EN ENO ???? IN OUT ????	MOVW IN,OUT	以功能框的形式编程，当允许输入 EN 有效时，将 1 个无符号的单字长数据 IN 传送到 OUT 中
双字传送 MOV_DW	MOV_DW EN ENO ???? IN OUT ????	MOVDW IN,OUT	以功能框的形式编程，当允许输入 EN 有效时，将 1 个无符号的双字长数据 IN 传送到 OUT 中
实数传送 MOV_R	MOV_R EN ENO ???? IN OUT ????	MOVR IN,OUT	以功能框的形式编程，当允许输入 EN 有效时，将 1 个无符号的双字长实数数据 IN 传送到 OUT 中

表 3-16　传送指令中 IN 和 OUT 的寻址范围

传送	操作数	类型	寻址范围
字节	IN	BYTE	VB，IB，QB，MB，SMB，LB，SB，AC，*AC，*LD，*VD 和常数
	OUT	BYTE	VB，IB，QB，MB，SMB，LB，SB，AC，*AC，*LD，*VD
字	IN	WORD	VW，IW，QW，MW，SMW，LW，SW，AC，*AC，*LD，*VD，T，C 和常数
	OUT	WORD	VW，IW，QW，MW，SMW，LW，SW，AC，*AC，*LD，*VD，T，C
双字	IN	DWORD	VD，ID，QD，MD，SMD，LD，AC，HC，*AC，*LD，*VD 和常数
	OUT	DWORD	VD，ID，QD，MD，SMD，LD，AC，*AC，*LD，*VD
实数	IN	REAL	VD，ID，QD，MD，SMD，LD，AC，HC，*AC，*LD，*VD 和常数
	OUT	REAL	VD，ID，QD，MD，SMD，LD，AC，*AC，*LD，*VD

【例 3-13】将变量存储器 VW10 中内容送到 VW100 中，程序如图 3-30 所示。

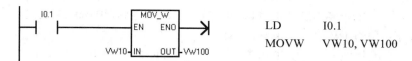

图 3-30　字传送指令应用举例

2. 块传送指令 BMB、BMW、BMD

块传送指令用来一次传送多个数据，最多可将 255 个数据组成 1 个数据块，数据块的类型可以是字节块、字块和双字块。表 3-17 列出了块传送类指令的类别。影响允许输出 ENO 正常工作的出错条件是：SM4.3（运行时间），0006（间接寻址），0091（操作数超界）。块传送指令的 IN、N、OUT 的寻址范围如表 3-18 所示。

表 3-17　块传送类指令表

指令名称	梯形图符号	助记符	指令功能
字节块传送 BLK MOV_B	BLKMOV_B EN ENO ????-IN OUT-???? ????-N	BMB IN,OUT,N	当允许输入 EN 有效时，将从输入字节 IN 开始的 N 个字节型数据传送到从 OUT 开始的 N 个字节存储单元，功能框形式编程
字块传送 BLK MOV_W	BLKMOV_W EN ENO ????-IN OUT-???? ????-N	BMW IN,OUT,N	当允许输入 EN 有效时，将从输入字 IN 开始的 N 个字型数据传送到从 OUT 开始的 N 个字存储单元，功能框形式编程
双字块传送 BLK MOV_D	BLKMOV_D EN ENO ????-IN OUT-???? ????-N	BMD IN,OUT,N	当允许输入 EN 有效时，将从输入双字 IN 开始的 N 个双字型数据传送到从 OUT 开始的 N 个双字存储单元，功能框形式编程

表 3-18　块传送指令的 IN，N，OUT 的寻址范围

指令	操作数	类型	寻址范围
BMB	IN、OUT	BYTE	VB, IB, QB, MB,SMB, LB, HC, AC, *AC, *LD, *VD
	N	BYTE	VB, IB, QB, MB,SMB, LB, AC, *AC, *LD, *VD
BMW	IN、OUT	WORD	VW, IW, QW, MW, SMW, LW, AIW, AC, AQW, HC, C, T, *AC, *LD, *VD
	N	BYTE	VB, IB, QB, MB, SMB, LB, AC, *AC, *LD, *VD
BMD	IN、OUT	DWORD	VD, ID, QD, MD, SMD, LD, SD, AC, HC, *AC, *LD, *VD
	N	BYTE	VB, IB, QB, MB, SMB, LB, AC, *AC, *LD, *VD 和常数

【例 3-14】将变量存储器 VB20 开始的 4 个字节（VB20～VB23）中的数据，移至 VB100 开始的 4 个字节中（VB100～VB103），程序如图 3-31 所示。

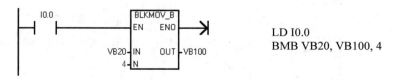

图 3-31　块传送指令应用举例

程序执行后，将 VB20～VB23 中的数据 30、31、32、33 送到 VB100～VB103。

执行结果如下：数组 1 数据　　30　　　　31　　　　32　　　　33

数据地址　　VB20　　VB21　　VB22　　VB23

块移动执行后：数组 2 数据　　30　　　　31　　　　32　　　　33

数据地址　　VB100　VB101　VB102　VB103

3. 字节交换指令 SWAP

字节交换指令用来输入字 IN 的最高位字节和最低位字节。字节交换指令 SWAP 的功能及寻址范围如表 3-19 所示。

表 3-19　字节交换指令表及寻址范围

指令名称	梯形图符号	助记符	指令功能及寻址范围
字节交换 SWAP	SWAP EN　ENO ????－IN	SWAP　IN	功能：使能输入 EN 有效时，将输入字 IN 的高字节与低字节交换，结果仍放在 IN 中。 IN：VW，IW，QW，MW，SW，SMW，T，C，LW，AC。 数据类型：字

【例 3-15】字节交换指令应用举例，如图 3-32 所示。

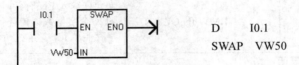

D　　I0.1

SWAP　VW50

图 3-32　字节交换指令应用举例

程序执行结果：

指令执行之前 VW50 中的字为：D6 C3

指令执行之后 VW50 中的字为：C3 D6

4. 字节立即读写指令 MOV_BIR、MOV_BIW

字节立即读指令（MOV_BIR）读取实际输入端 IN 给出的 1 个字节的数值并将结果写入 OUT 所指定的存储单元，但输入映像寄存器未更新。字节立即写指令（MOV_BIW）从输入 IN 所指定的存储单元中读取 1 个字节的数据并写入（以字节为单位）实际输出 OUT 端的物理输入点，同时刷新对应的输出映像寄存器。字节立即读写指令功能及寻址范围如表 3-20 所示。

表 3-20　字节立即读写指令表及寻址范围

指令名称	梯形图符号	助记符	指令功能及寻址范围
字节立即读指令 MOV_BIR	MOV_BIR EN　ENO ????－IN　OUT－????	BIR IN,OUT	功能：字节立即读 IN：IB OUT：VB，IB，QB，MB，SB，SMB，LB，AC。 数据类型：字节
字节立即写指令 MOV_BIW	MOV_BIW EN　ENO ????－IN　OUT－????	BIW IN,OUT	功能：字节立即写 IN：VB，IB，QB，MB，SB，SMB，LB，AC，常量。 OUT：QB 数据类型：字节

3.2.3.8　逻辑运算指令

逻辑运算指令是对逻辑数（无符号数）进行处理，包括逻辑与、逻辑或、逻辑异或，取反等逻辑操作，数据长度为字节、字、双字。逻辑运算指令如表 3-21 所示。

表 3-21　逻辑运算指令表

指令名称	梯形图符号	助记符	指令功能
字节与 WAND_B	WAND_B EN　ENO IN1　OUT IN2	ANDB IN1,OUT	以功能框的形式编程，当允许输入 EN 有效时，将 2 个 1 字节长的逻辑数 IN1 和 IN2 按位相与，产生 1 字节的运算结果放 OUT，这里 IN2 与 OUT 是同一存储单元
字节或 WOR_B	WOR_B EN　ENO IN1　OUT IN2	ORB IN1,OUT	以功能框的形式编程，当允许输入 EN 有效时，将 2 个 1 字节长的逻辑数 IN1 和 IN2 按位相或，产生 1 字节的运算结果放 OUT，这里 IN2 与 OUT 是同一存储单元
字节异或 WXOR_B	WXOR_B EN　ENO IN1　OUT IN2	XORB IN1,OUT	以功能框的形式编程，当允许输入 EN 有效时，将 2 个 1 字节长的逻辑数 IN1 和 IN2 按位异或，产生 1 字节的运算结果放 OUT，这里 IN2 与 OUT 是同一存储单元
字节取反 INV_B	INV_B EN　ENO IN　OUT	INVB OUT	以功能框的形式编程，当允许输入 EN 有效时，将 1 字节长的逻辑数 IN 按位取反，产生 1 字节的运算结果放 OUT，这里 IN 与 OUT 是同一存储单元
字与 WAND_W	WAND_W EN　ENO IN1　OUT IN2	ANDW IN1,OUT	以功能框的形式编程，当允许输入 EN 有效时，将 2 个 1 字长的逻辑数 IN1 和 IN2 按位相与，产生 1 字长的运算结果放 OUT，这里 IN2 与 OUT 是同一存储单元
字或 WOR_W	WOR_W EN　ENO IN1　OUT IN2	ORW IN1,OUT	以功能框的形式编程，当允许输入 EN 有效时，将 2 个 1 字长的逻辑数 IN1 和 IN2 按位相或，产生 1 字的运算结果放 OUT，这里 IN2 与 OUT 是同一存储单元
字异或 WXOR_W	WXOR_W EN　ENO IN1　OUT IN2	XORW IN1,OUT	以功能框的形式编程，当允许输入 EN 有效时，将 2 个 1 字长的逻辑数 IN1 和 IN2 按位异或，产生 1 字的运算结果放 OUT，这里 IN2 与 OUT 是同一存储单元
字取反 INV_W	INV_W EN　ENO IN　OUT	INVW OUT	以功能框的形式编程，当允许输入 EN 有效时，将 1 字长的逻辑数 IN 按位取反，产生 1 字长的运算结果放 OUT，这里 IN 与 OUT 是同一存储单元
双字与 WAND_DW	WAND_DW EN　ENO IN1　OUT IN2	ANDD IN1,OUT	以功能框的形式编程，当允许输入 EN 有效时，将 2 个双字长的逻辑数 IN1 和 IN2 按位相与，产生 1 个双字长的运算结果放 OUT，这里 IN2 与 OUT 是同一存储单元
双字或 WOR_DW	WOR_DW EN　ENO IN1　OUT IN2	ORD IN1,OUT	以功能框的形式编程，当允许输入 EN 有效时，将 2 个双字长的逻辑数 IN1 和 IN2 按位相或，产生 1 个双字长的运算结果放 OUT，这里 IN2 与 OUT 是同一存储单元

续表

指令名称	梯形图符号	助记符	指令功能
双字异或 WXOR_DW	WXOR_DW EN ENO IN1 OUT IN2	XORD IN1,OUT	以功能框的形式编程，当允许输入 EN 有效时，将 2 个双字长的逻辑数 IN1 和 IN2 按位异或，产生 1 个双字长的运算结果放 OUT，这里 IN2 与 OUT 是同一存储单元
双字取反 INV_DW	INV_DW EN ENO IN OUT	INVD OUT	以功能框的形式编程，当允许输入 EN 有效时，将 1 双字长的逻辑数 IN 按位取反，产生 1 个双字长的运算结果放 OUT，这里 IN 与 OUT 是同一存储单元

表 3-22 所示为逻辑运算指令中 IN、IN1、IN2 及 OUT 的寻址范围。

表 3-22　逻辑运算指令 IN、IN1、IN2 及 OUT 的寻址范围

指令	操作数	类型	寻址范围
字节逻辑	IN1、IN2、IN	BYTE	VB，IB，MB，QB，LB，SB，SMB，AC，*AC，*LD，*VD 和常数
	OUT	BYTE	VB，IB，MB，QB，SMB，LB，SB，AC，*AC，*LD，*VD
字逻辑	IN1、IN2、IN	WORD	VW，IW，QW，MW，SMW，LW，SW，AC，*AC，*LD，*VD，T，C 和常数
	OUT	WORD	VW，IW，QW，MW，SMW，LW，SW，AC，*AC，*LD，*VD，T，C
双字逻辑	IN1、IN2、IN	DWORD	VD，ID，QD，MD，SMD，LD，AC，HC，*AC，*LD，*VD 和常数
	OUT	DWORD	VD，ID，QD，MD，SMD，LD，AC，*AC，*LD，*VD

【例 3-16】逻辑运算编程举例，程序如图 3-33 所示。

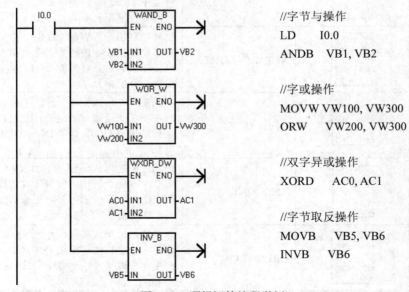

//字节与操作
LD　　I0.0
ANDB　VB1, VB2

//字或操作
MOVW VW100, VW300
ORW　　VW200, VW300

//双字异或操作
XORD　　AC0, AC1

//字节取反操作
MOVB　　VB5, VB6
INVB　　VB6

图 3-33　逻辑运算编程举例

运算过程如下：

VB1		VB2		VB2
0001 1100	WAND	1100 1101	→	0000 1100

VW100		VW200		VW300
0001 1101 1111 1010	WOR	1110 0000 1101 1100	→	1111 1101 1111 1110

VB5		VB6
0000 1111	INV	1111 0000

3.2.3.9　高速脉冲输出指令

SIMATIC S7-200 CPU22X 系列 PLC 还设有高速脉冲输出，输出频率可达 20kHz，用于 PTO（输出一个频率可调、占空比为 50%的脉冲）和 PWM（输出占空比可调的脉冲），高速脉冲输出的功能可用于对电动机进行速度控制及位置控制和控制变频器使电机调速。

1. 高速脉冲输出的方式和输出端子的连接

（1）高速脉冲的输出形式

高速脉冲输出有高速脉冲串输出 PTO 和宽度可调脉冲输出 PWM 两种形式。

高速脉冲串输出 PTO 主要是用来输出指定数量的方波（占空比 50%），用户可以控制方波的周期和脉冲数。

高速脉冲串输出 PTO 的周期以 μs 或 ms 为单位，是一个 16 位无符号数据，周期变化范围为 50～65535μs 或 2～65535ms，编程时周期值一般设置成偶数。脉冲串的个数，用双字长无符号数表示，脉冲数取值范围是 1～4294967295。

宽度可调脉冲输出 PWM 主要是用来输出占空比可调的高速脉冲串，用户可以控制脉冲的周期和脉冲宽度。

宽度可调脉冲输出 PWM 的周期或脉冲宽度以 μs 或 ms 为单位，是一个 16 位无符号数据，周期变化范围同高速脉冲串输出 PTO。

（2）输出端子的连接

每个 CPU 有两个 PTO/PWM 发生器产生高速脉冲串输出 PTO 和宽度可调脉冲输出 PWM 的波形，一个发生器分配在数字输出端 Q0.0，另一个分配在 Q0.1。

PTO/PWM 发生器和输出寄存器共同使用 Q0.0 和 Q0.1，当 Q0.0 和 Q0.1 设定为 PTO 或 PWM 功能时，PTO/PWM 发生器控制输出，在输出点禁止使用通用功能。输出映像寄存器的状态、强制输出、立即输出等指令的执行都不影响输出波形。当不使用 PTO/PWM 发生器时，输出点恢复为原通用功能状态，输出点的波形由输出映像寄存器来控制。

2. 相关的特殊功能寄存器

每个 PTO/PWM 发生器都有一个控制字节、16 位无符号的周期时间值和脉宽值、32 位无符号的脉冲计数值。这些字都占有一个指定的特殊功能寄存器，一旦这些特殊功能寄存器的值被设置成所需操作，可通过执行脉冲指令 PLS 来实现这些功能。

3. 高速脉冲输出指令

高速脉冲输出指令可以输出两种类型的方波信号，在精确位置控制中有很重要的应用。其指令格式如表 3-23 所示。

高速脉冲串输出 PTO 和宽度可调脉冲输出 PWM 都由 PLS 指令来激活输出。

操作数 Q 为字型常数 0 或 1。

表 3-23　高速脉冲输出指令表

指令名称	梯形图符号	助记符	功能描述
高速脉冲输出指令 PLS	PLS EN　ENO ????-Q0.X	PLS　Q	当使能端输入有效时，检测用程序设置特殊功能寄存器位，激活由控制为定义的脉冲操作。从 Q0.0 或 Q0.1 输出高速脉冲

高速脉冲串输出 PTO 可采用中断方式进行控制，而宽度可调脉冲输出 PWM 只能由指令 PLS 来激活。

4. PTO 的使用

PTO 是可以指定脉冲数和周期的占空比为 50%的高速脉冲串的输出。状态字节中的最高位（空闲位）用来指示脉冲串输出是否完成。可在脉冲串完成时起动中断程序，若使用多段操作，则在包络表完成时起动中断程序。

（1）周期和脉冲数

周期范围从 50～65535μs 或从 2～65535ms，为 16 位无符号数，时基有 μs 和 ms 两种，通过控制字节的第 3 位选择。注意：

1）如果周期< 2 个时间单位，则周期的默认值为 2 个时间单位。

2）周期设定奇数 μs 或 ms（例如 75ms），会引起波形失真。

脉冲计数范围从 1～4294967295，为 32 位无符号数，如设定脉冲计数为 0，则系统默认脉冲计数值为 1。

（2）初始步骤

1）首次扫描（SM0.1）时将输出 Q0.0 或 Q0.1 复位（置 0），并调用完成初始化操作的子程序。

2）在初始化子程序中，根据控制要求设置控制字并写入 SMB67 或 SMB77 特殊存储器。如写入 16#A0（选择 μs 递增）或 16#A8（选择 ms 递增），两个数值表示允许 PTO 功能、选择 PTO 操作、选择多段操作，以及选择时基（μs 或 ms）。

3）将包络表的首地址（16 位）写入 SMW168（或 SMW178）。

4）在变量存储器 V 中，写入包络表的各参数值。一定要在包络表的起始字节中写入段数。在变量存储器 V 中建立包络表的过程也可以在一个子程序中完成，在此只须调用设置包络表的子程序。

5）设置中断事件并全局开中断。如果想在 PTO 完成后，立即执行相关功能，则须设置中断，将脉冲串完成事件（中断事件号 19）连接一中断程序。

6）执行 PLS 指令，使 S7-200 为 PTO/PWM 发生器编程，高速脉冲串由 Q0.0 或 Q0.1 输出。

7）退出子程序。

5. PWM 的使用

PWM 是脉宽可调的高速脉冲输出，通过控制脉宽和脉冲的周期，实现控制任务。

（1）周期和脉宽

周期和脉宽时基为 μs 或 ms，均为 16 位无符号数。周期的范围从 50～65535μs，或从 2～65535ms。若周期< 2 个时基，则系统默认为两个时基。脉宽范围从 0～65535μs 或从 0～65535ms。若脉宽>=周期，占空比=100%，输出连续接通。若脉宽= 0，占空比为 0%，则输出断开。

（2）更新方式

有两种改变 PWM 波形的方法：同步更新和异步更新。

同步更新：不需改变时基时，可以用同步更新。执行同步更新时，波形的变化发生在周期的边缘，形成平滑转换。

异步更新：需要改变 PWM 的时基时，则应使用异步更新。异步更新使高速脉冲输出功能被瞬时禁用，与 PWM 波形不同步。这样可能造成控制设备震动。

常见的 PWM 操作是脉冲宽度不同，但周期保持不变，即不要求时基改变。因此先选择适合于所有周期的时基，尽量使用同步更新。

（3）初始化步骤

1）用首次扫描位（SM0.1）使输出位复位为 0，并调用初始化子程序。这样可减少扫描时间，程序结构更合理。

2）在初始化子程序中设置控制字节。如将 16#D3（时基 μs）或 16#DB（时基 ms）写入 SMB67 或 SMB77，控制功能为：允许 PTO/PWM 功能、选择 PWM 操作、设置更新脉冲宽度和周期数值，以及选择时基（μs 或 ms）。

3）在 SMW68 或 SMW78 中写入一个字长的周期值。

4）在 SMW70 或 SMW80 中写入一个字长的脉宽值。

5）执行 PLS 指令，使 S7-200 为 PWM 发生器编程，并由 Q0.0 或 Q0.1 输出。

6）可为下一输出脉冲预设控制字。在 SMB67 或 SMB77 中写入 16#D2（μs）或 16#DA（ms）控制字节中将禁止改变周期值，允许改变脉宽。以后只要装入一个新的脉宽值，不用改变控制字节，直接执行 PLS 指令就可改变脉宽值。

7）退出子程序。

【例 3-17】编写实现宽度可调脉冲输出 PWM 的程序。根据要求控制字节（SMB77）=16#DB，设定周期为 10000ms，脉冲宽度为 1000ms，通过 Q0.1 输出。设计程序如图 3-34 所示。

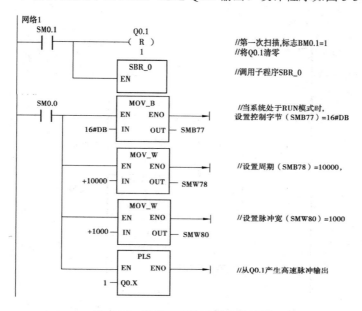

图 3-34　宽度可调脉冲输出梯形图

3.2.4　任务实施与运行

3.2.4.1　实施

1. 硬件接线图

步进电机拖动电动滑台系统，PLC 控制电路如图 3-35 所示。

2. 程序设计

步进电机拖动电动滑台系统梯形图如图 3-36 所示。

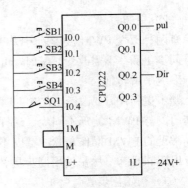

图 3-35　步进电机电气控制图

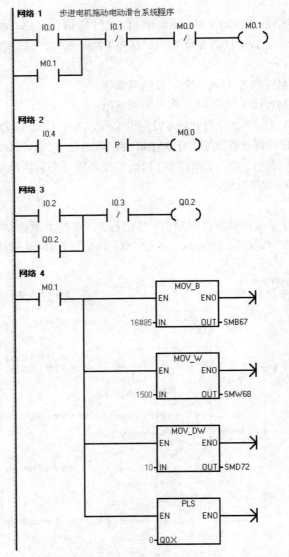

图 3-36　步进电机拖动电动滑台系统梯形图

3.2.4.2　运行

（1）接线。按图接线，检查电路的正确性，确定连接无误。

（2）调试及排障。

1）在断电状态下，连接好 PC/PPI 电缆。

2）打开 PLC 的前盖，将运行模式开关拨到 STOP 位置，此时 PLC 处于停止状态，或者单击工具栏中的 STOP 按钮，可以进行程序编写。

3）在作为编程器的 PC 上，运行 STEP 7-Micro/WIN32 编程软件。

4）用菜单命令"文件"→"新建"，生成一个新项目；用菜单命令"文件"→"打开"，打开一个已有的项目；用菜单命令"文件"→"另存为"，可修改项目的名称。

5）用菜单命令"PLC"→"类型"，设置 PLC 的型号。

6）设置通信参数。

7）编写控制程序。

8）单击工具栏中的"编译"按钮或"全部编译"按钮来编译输入的程序。

9）下载程序文件到 PLC。

10）将运行模式选择开关拨到 RUN 位置，或者单击工具栏的"RUN（运行）"按钮使 PLC 进入运行方式，观察运行情况。

【评价单】

考核项目	考核点	权重	考核标准			得分
			A（1.0）	B（0.8）	C（0.6）	
任务分析（15%）	资料收集	5%	能比较全面地提出需要学习和解决的问题，收集的学习资料较多	能提出需要学习和解决的问题，收集的学习资料较多	能比较笼统地提出一些需要学习和解决的问题，收集的学习资料较少	
	任务分析	10%	能根据产品用途，确定功能和技术指标。产品选型实用性强，符合企业的需要	能根据产品用途，确定功能和技术指标。产品选型实用性强	能根据产品用途，确定功能和技术指标	
方案设计（20%）	系统结构	7%	系统结构清楚，信号表达正确，符合功能要求			
	器件选型	8%	主要器件的选择，论证充分，能够满足功能和技术指标的要求，按钮设置合理，操作简便	主要器件的选择能够满足功能和技术指标的要求，按钮设置合理	主要器件的选择，能够满足功能和技术指标的要求	
	方案汇报	5%	PPT 简洁、美观、信息量丰富，汇报条理性好，语言流畅	PPT 简洁、美观、内容充实，汇报语言流畅	有 PPT，能较好地表达方案内容	
详细设计与制作（50%）	硬件设计	10%	PLC 选型合理，电路设计正确，元件布局合理、美观，接线图走线合理	PLC 选型合理，电路设计正确，元件布局合理，接线图走线合理	PLC 选型合理，电路设计正确，元件布局合理	

考核项目	考核点	权重	考核标准			得分
			A（1.0）	B（0.8）	C（0.6）	
详细设计与制作（50%）	硬件安装	8%	仪器、仪表及工具的使用符合操作规范，元件安装正确规范，布线符合工艺标准，工作环境整洁	仪器、仪表及工具的使用符合操作规范，少量元件安装有松动，布线符合工艺标准	仪器、仪表及工具的使用符合操作规范，元件安装位置不符合要求，有 3～5 根导线不符合布线工艺标准，但接线正确	
	程序设计	22%	程序模块划分正确，流程图符合规范、标准，内容完整		程序结构清晰，内容完整	
	程序调试	10%	调试步骤清楚，目标明确，有调试方法的描述。调试过程记录完整，有分析，结果正确。出现故障有独立处理能力	程序调试有步骤，有目标，有调试方法的描述。调试过程记录完整，结果正确	程序调试有步骤，有目标。调试过程有记录，结果正确	
技术文档（5%）	设计资料	5%	设计资料完整，编排顺序符合规定，有目录			
学习汇报（10%）		10%	能反思学习过程，认真总结学习经验	能客观总结整个学习过程的得与失		
项目得分						
学生姓名			日期		项目得分	
总结						

任务 3　电动滑台分拣系统设计与实现

3.3.1　任务要求

3.3.1.1　项目说明

根据物料检测元件检测结果，采用步进电机控制的电动滑台将三种材质物料分别传送到指定料仓位置，通过气动推送装置送入相应仓储滑道内，实现对物料的分拣。系统结构如图 3-37 所示。

3.3.1.2　任务引入

应用 PLC 技术实现自动分拣控制。

3.3.1.3　甲方要求

（1）通过物料检测元件进行物料分类。

（2）滑台移动位置采用直线位移传感器检测。

（3）根据物料分类将物料送入相应仓储滑道。

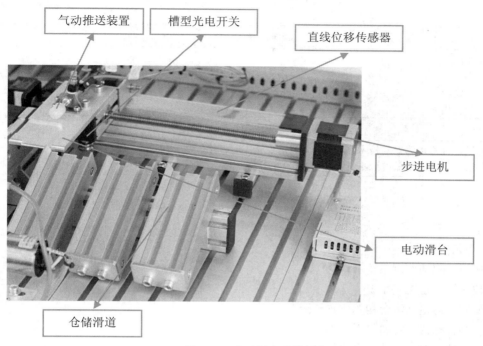

气动推送装置　槽型光电开关　直线位移传感器　步进电机　电动滑台　仓储滑道

图 3-37　电动滑台分拣系统

【任务单】

项目名称	电动滑台分拣系统设计与实现	任务名称	电动滑台分拣系统设计与实现
学习小组		指导教师	
小组成员			

工作任务
任务要求
1. 能对控制系统功能进行分析，归纳出控制要求，确定 PLC 的 I/O 分配；
2. 能绘制 PLC 控制电路图；
3. 能完成 PLC 控制电路的接线安装；
4. 能按照控制要求编写控制程序；
5. 能根据基本指令编写相应的梯形图程序；
6. 能够熟练把梯形图转换为语句表；
7. 能够将程序输入 PLC；
8. 能完成 PLC 控制系统的调试、运行和分析，对出现的控制故障能进行处理解决
工作过程
1. 任务分析，获得相关资料和信息；
2. 方案设计，讨论设计出硬件连接及程序设计；
3. 安装调试；
4. 教师总结并评定成绩；
5. 讨论、总结、反思学习过程，各小组汇报学习体会，总结学习方法；
6. 提交报告，工作单、材料归档整理

学习资源
1. 多媒体课件
2. PLC 实训台
3. 常用电工仪表
4. 操作手册及相关网站

知识拓展
1. 步进电机、位移传感器的技术规范
2. 步进电机、位移传感器技术指标的检测

3.3.2 任务分析与设计

3.3.2.1 构思

1. 控制元件

起动按钮：起动控制系统

停止按钮：停止控制系统

左限位开关：电动滑台初始位置检测

物料检测传感器：物料材质检测

直线位移传感器：电动滑台位移检测

2. 被控对象

步进电机：拖动电动滑台移动

电磁阀：控制气动推送装置

3. 工作原理

当电动滑台处于初始位置时，按下起动按钮，步进电机正向旋转，拖动电动滑台移动；根据物料材质判断仓储滑道，当电动滑台移动到指定位置时自动停止，起动气动推送装置，将物料送入相应仓储滑道，并自动返回初始位置。

3.3.2.2 设计

1. I/O 分配

电动滑台分拣系统 I/O 分配如表 3-24 所示。

表 3-24　电动滑台分拣系统 I/O 分配

输入		输出	
名称	地址	名称	地址
起动按钮	I0.0	步进电动机	Q0.0
停止按钮	I0.1	换向控制输出	Q0.2
左限位开关	I0.2	气动推送装置	Q0.3
物料上位传感器	I0.3		
物料下位传感器	I0.4		
分拣气缸复位	I0.5		
分拣气缸到位	I0.6		
直线位移传感器	AIW0		

2. PLC 选型

根据 PLC 选型原则，本项目选用 S7-200 CPU224 DC/DC/DC，由于需要进行位移模拟量检测，CPU224 无法直接处理模拟量，因此系统组态模拟量输入扩展模块 EM231。

【方案设计单】

项目名称	电动滑台分拣系统设计与实现		任务名称	电动滑台分拣系统设计与实现
方案设计分工				
子任务	提交材料		承担成员	完成工作时间
PLC 机型选择	PLC 选型分析			
低压电器选型	低压电器选型分析			
位置传感器选型	位置传感器选型分析			
电气安装方案	图纸			
方案汇报	PPT			
学习过程记录				
班级		小组编号		成员	
说明：小组每个成员根据方案设计的任务要求，进行认真学习，并将学习过程的内容（要点）进行记录，同时也将学习中存在的问题进行记录				
方案设计工作过程				
开始时间		完成时间			
说明：根据小组每个成员的学习结果，通过小组分析与讨论，最后形成设计方案				
结构框图				
原理说明				
关键器件型号				
实施计划				
存在的问题及建议				

3.3.3 任务实施与运行

3.3.3.1 实施

1. 硬件接线图

根据电动滑台分拣系统 I/O 地址分配，PLC 控制电路如图 3-38 所示。

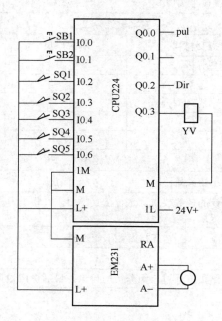

图 3-38 电动滑台分拣系统硬件接线图

2. 程序设计

电动滑台分拣系统梯形图如图 3-39 所示。

（1）主程序

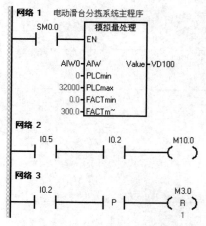

图 3-39 电动滑台分拣系统梯形图

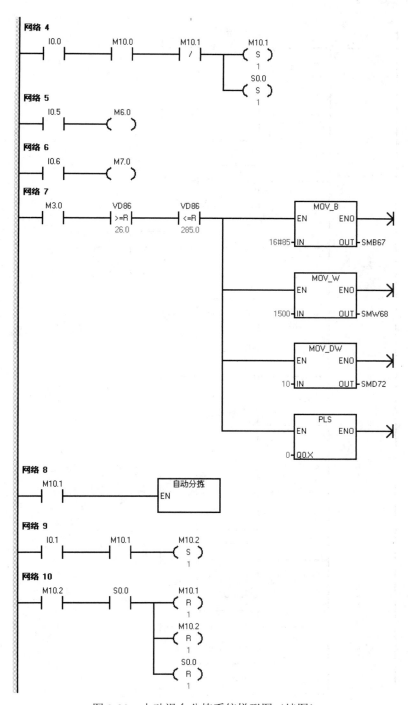

图 3-39　电动滑台分拣系统梯形图（续图）

（2）模拟量处理子程序

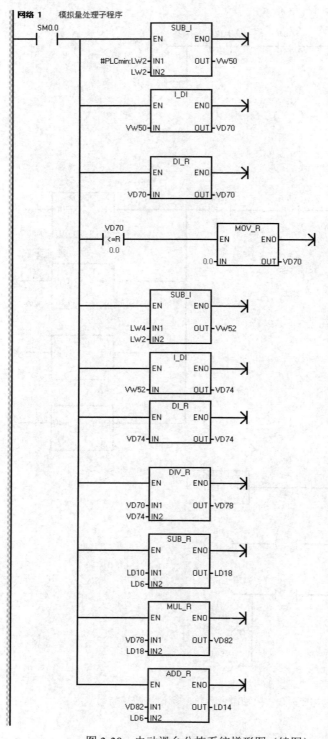

图 3-39　电动滑台分拣系统梯形图（续图）

（3）自动分拣子程序

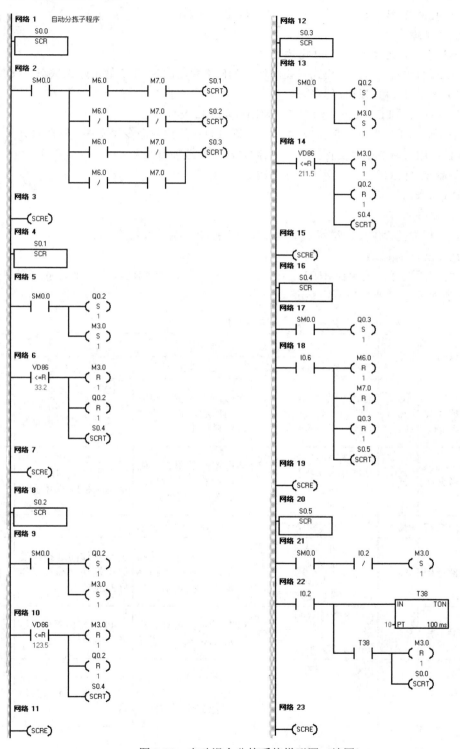

图 3-39　电动滑台分拣系统梯形图（续图）

3.3.3.2 运行

（1）接线。按图接线，检查电路的正确性，确定连接无误。

（2）调试及排障。

1）在断电状态下，连接好 PC/PPI 电缆。

2）打开 PLC 的前盖，将运行模式开关拨到 STOP 位置，此时 PLC 处于停止状态，或者单击工具栏中的 STOP 按钮，可以进行程序编写。

3）在作为编程器的 PC 上，运行 STEP 7-Micro/WIN32 编程软件。

4）用菜单命令"文件"→"新建"，生成一个新项目；用菜单命令"文件"→"打开"，打开一个已有的项目；用菜单命令"文件"→"另存为"，可修改项目的名称。

5）用菜单命令"PLC"→"类型"，设置 PLC 的型号。

6）设置通信参数。

7）编写控制程序。

8）单击工具栏中的"编译"按钮或"全部编译"按钮来编译输入的程序。

9）下载程序文件到 PLC。

10）将运行模式选择开关拨到 RUN 位置，或者单击工具栏的"RUN（运行）"按钮使 PLC 进入运行方式，观察运行情况。

【评价单】

考核项目	考核点	权重	考核标准			得分
			A（1.0）	B（0.8）	C（0.6）	
任务分析（15%）	资料收集	5%	能比较全面地提出需要学习和解决的问题，收集的学习资料较多	能提出需要学习和解决的问题，收集的学习资料较多	能比较笼统地提出一些需要学习和解决的问题，收集的学习资料较少	
	任务分析	10%	能根据产品用途，确定功能和技术指标。产品选型实用性强，符合企业的需要	能根据产品用途，确定功能和技术指标。产品选型实用性强	能根据产品用途，确定功能和技术指标	
方案设计（20%）	系统结构	7%	系统结构清楚，信号表达正确，符合功能要求			
	器件选型	8%	主要器件的选择，论证充分，能够满足功能和技术指标的要求，按钮设置合理，操作简便	主要器件的选择能够满足功能和技术指标的要求，按钮设置合理	主要器件的选择，能够满足功能和技术指标的要求	
	方案汇报	5%	PPT 简洁、美观、信息量丰富，汇报条理性好，语言流畅	PPT 简洁、美观、内容充实，汇报语言流畅	有 PPT，能较好地表达方案内容	
详细设计与制作（50%）	硬件设计	10%	PLC 选型合理，电路设计正确，元件布局合理、美观，接线图走线合理	PLC 选型合理，电路设计正确，元件布局合理，接线图走线合理	PLC 选型合理，电路设计正确，元件布局合理	

考核项目	考核点	权重	考核标准			得分
			A（1.0）	B（0.8）	C（0.6）	
详细设计与制作（50%）	硬件安装	8%	仪器、仪表及工具的使用符合操作规范，元件安装正确规范，布线符合工艺标准，工作环境整洁	仪器、仪表及工具的使用符合操作规范，少量元件安装有松动，布线符合工艺标准	仪器、仪表及工具的使用符合操作规范，元件安装位置不符合要求，有 3～5 根导线不符合布线工艺标准，但接线正确	
	程序设计	22%	程序模块划分正确，流程图符合规范、标准，程序结构清晰，内容完整			
	程序调试	10%	调试步骤清楚，目标明确，有调试方法的描述。调试过程记录完整，有分析，结果正确。出现故障有独立处理能力	程序调试有步骤，有目标，有调试方法的描述。调试过程记录完整，结果正确	程序调试有步骤，有目标。调试过程有记录，结果正确	
技术文档（5%）	设计资料	5%	设计资料完整，编排顺序符合规定，有目录			
学习汇报（10%）		10%	能反思学习过程，认真总结学习经验	能客观总结整个学习过程的得与失		
项目得分						
学生姓名			日期		项目得分	
总结						

项目4
自动分拣系统安装与调试

任务 1　机械手 PLC 控制系统

4.1.1　任务要求

4.1.1.1　项目说明

机械手能模仿人手和臂的某些动作功能，用以按固定程序抓取、搬运物件或控制工具的自动操作装置。它可代替人从事繁重劳动以实现生产的机械化和自动化，能在有害环境下操作以保护人身安全，因而广泛应用于机械制造、冶金、电子、轻工和原子能等部门。机械手系统示意图如图 4-1 所示。

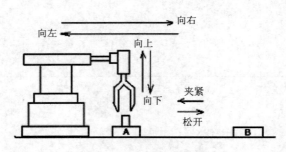

图 4-1　机械手工作示意图

4.1.1.2　任务引入

应用 PLC 技术实现机械手 PLC 控制系统。

4.1.1.3　甲方要求

（1）按下起动按钮，系统开始运行；按下停止按钮，系统停止运行；加载选择开关 SB3～SB9 用来控制机械手的工作状态，工作方式选择开关 SA 用来选择工作方式。

（2）利用子程序调用指令设计机械手控制系统，该机械手的任务是将工件从工作台 A 搬往工作台 B。

（3）工作方式分为手动工作方式和自动工作方式，自动工作方式又分为单步、单周期和连续的工作方式。

【任务单】

项目名称	自动分拣系统安装与调试	任务名称	机械手 PLC 控制系统
学习小组		指导教师	
小组成员			

工作任务
任务要求
1. 能对控制系统功能进行分析，归纳出控制要求，确定 PLC 的 I/O 分配；
2. 能绘制 PLC 控制电路图；
3. 能完成 PLC 控制电路的接线安装；
4. 能按照控制要求编写控制程序；
5. 能根据基本指令编写相应的梯形图程序；
6. 能够熟练把梯形图转换为语句表；
7. 能够将程序输入 PLC；
8. 能完成 PLC 控制系统的调试、运行和分析，对出现的控制故障能进行处理解决
工作过程
1. 任务分析，获得相关资料和信息；
2. 方案设计，讨论设计出硬件连接及程序设计；
3. 安装调试；
4. 教师总结并评定成绩；
5. 讨论、总结、反思学习过程，各小组汇报学习体会，总结学习方法；
6. 提交报告，工作单、材料归档整理
学习资源
1. 多媒体课件
2. PLC 实训台
3. 常用电工仪表
4. 操作手册及相关网站
知识拓展
1. 步进电机、位移传感器的技术规范
2. 步进电机、位移传感器技术指标的检测

4.1.2 任务分析与设计

4.1.2.1 构思

1. 控制元件

起动按钮：起动电动机，控制机械手移动

工作方式选择开关：选择机械手不同的工作方式

加载选择开关：控制机械手的工作状态

2. 被控对象

电动机：电动机运行控制机械手动作

3. 工作原理

初始状态时，按下起动按钮机械手执行如下动作：下行→夹紧→上行→右行→下行→松开→上行→左行，回到初始位置。按照不同的工作方式，执行过程有所区别。

4.1.2.2 设计

1. I/O 分配

机械手控制系统 I/O 分配如表 4-1 所示。

表 4-1 机械手控制系统 I/O 分配

输入		输出	
输入寄存器	作用	输出寄存器	作用
I0.0	起动 SB1	Q0.0	下降 KA1
I0.1	下限 SQ1	Q0.1	夹紧 KA2
I0.2	上限 SQ2	Q0.2	上升 KA3
I0.3	右限 SQ3	Q0.3	右移 KA4
I0.4	左限 SQ4	Q0.4	左移 KA5
I0.5	无工件检测 SP	Q0.5	原位显示 HL
I0.6	停止 SB2		
I0.7	手动 SA		
I1.0	单步 SA		
I1.1	单周 SA		
I1.2	连续 SA		
I1.3	下降 SB3		
I1.4	上升 SB4		
I1.5	左移 SB5		
I2.0	右移 SB6		
I2.1	夹紧 SB7		
I2.2	放松 SB8		

2. PLC 选型

根据 PLC 选型原则，本项目选择 S7-200 CPU222 AC/AC/RLY。

【方案设计单】

项目名称	自动分拣系统安装与调试		任务名称	机械手 PLC 控制系统
方案设计分工				
子任务	提交材料	承担成员		完成工作时间
PLC 机型选择	PLC 选型分析			
低压电器选型	低压电器选型分析			
位置传感器选型	位置传感器选型分析			
电气安装方案	图纸			
方案汇报	PPT			

学习过程记录					
班级		小组编号		成员	

说明：小组每个成员根据方案设计的任务要求，进行认真学习，并将学习过程的内容（要点）进行记录，同时也将学习中存在的问题进行记录

方案设计工作过程			
开始时间		完成时间	

说明：根据小组每个成员的学习结果，通过小组分析与讨论，最后形成设计方案

结构框图	
原理说明	
关键器件型号	
实施计划	
存在的问题及建议	

4.1.3　相关知识

在运用 PLC 进行顺序控制时常采用顺序控制指令，这是一种由顺序功能图设计梯形图的步进

型指令。首先用顺序功能图描述程序的设计思想，然后再用指令编写出符合程序设计思想的程序。顺序控制指令可以将顺序功能图转换成梯形图程序，顺序功能图是设计梯形图程序的基础。

4.1.3.1　顺序控制继电器指令

顺序控制继电器用 3 条指令描述程序的顺序控制步进状态，可以用于程序的步进、分支、循环和转移控制，指令格式如表 4-2 所示。

表 4-2　顺序控制继电器指令格式

梯形图	助记符	功能说明
SCR	LSCR　N	步开始指令，为步开始的标志，该步的状态元件的位置 1 时，执行该步
—(SCRT)	SCRT　N	步转移指令，使能有效时，关断本步，进入下一步。该指令由转换条件的触点起动，N 为下一步的顺序控制状态元件。 N=0.0～31.7
—(SCRE)	SCRE	步结束指令，为步结束的标志

顺序步开始指令（LSCR）：当顺序控制继电器位 S X, Y=1 时，该顺序步执行。

顺序步结束指令（SCRE）：顺序步的处理程序在 LSCR 和 SCRE 之间。

顺序步转移指令（SCRT）：使能输入有效时，将本顺序步的顺序控制继电器位清零，下一步顺序控制继电器位置 1。

使用顺序控制继电器指令的注意事项：

（1）步进控制指令 SCR 只对状态元件 S 有效。为了保证程序的可靠运行，驱动状态元件 S 的信号应采用短脉冲。

（2）不能把同一编号的状态元件用在不同的程序中。例如，如果在主程序中使用 S0.1，则不能在子程序中再使用。

（3）当输出需要保持时，可使用 S/R 指令。

（4）在 SCR 段中不能使用 JMP 和 LBL 指令。既不允许跳入或跳出 SCR 段，也不允许在 SCR 段内跳转。可以使用跳转和标号指令在 SCR 段周围跳转。

（5）不能在 SCR 段中使用 FOX、NEXT 和 END 指令。

通常为了自动进入顺序功能流程图，一般利用特殊辅助继电器 SM0.1 将 S0.1 置 1。

若在某步为活动步时，动作需直接执行，可在要执行的动作前接上 M0.0 动合触点，避免线圈与左母线直接连接的语法错误。

4.1.3.2　使用 SCR 指令的顺序控制梯形图设计方法

S7-200 中的顺序控制继电器 SCR 专门用于编制顺序控制程序。顺序控制程序被划分为 LSCR 与 SCRE 指令之间的若干个 SCR 段，一个 SCR 段对应于顺序功能图中的一步。

装载顺序控制继电器（Load Sequence Control Relay）指令"LSCR N"用来表示一个 SCR 段即顺序功能图中的步开始。指令中的操作数 N 为顺序控制继电器 S（Bool 型）的地址，顺序控制继电器为 1 状态时，对应的 SCR 段中的程序被执行，反之则不被执行。

顺序控制继电器结束（Sequence Control Relay End）指令 SCRE 用来表示 SCR 段的结束。

顺序控制继电器转换（Sequence Control Relay Transition）指令"SCRT N"用来表示 SCR 段之间的转换，即步的活动状态的转换。当 SCRT 线圈"得电"时 SCRT 中指定的顺序功能图中的后续步对应的顺序控制继电器 N 变为 1 状态，同时当前活动步对应的顺序控制继电器变为 0 状态，当前步变为不活动步。

LSCR 指令中的 N 指定的顺序控制继电器（S）被放入 SCR 堆栈和逻辑堆栈的栈顶，SCR 堆栈中 S 位的状态决定对应的 SCR 段是否执行。由于逻辑堆栈栈顶的值装入了 S 位的值，所以能将 SCR 指令和它后面的线圈直接连接到左侧母线上。

使用 SCR 时有如下的限制：不能在不同的程序中使用相同的 S 位；不能在 SCR 段中使用 JMP 及 LBL 指令，即不允许用跳转的方法跳入或跳出 SCR 段；不能在 SCR 段中使用 FOR、NEXT 和 END 指令。

1. 单序列顺序功能的编程方法

图 4-2 是某小车运动的示意图和梯形图。设小车的初始位置在左边，限位开关 I0.2 为 1 状态。按下起动按钮 I0.0 后，小车向右运动（简称右行），碰到限位开关 I0.1 后，停在该处，3s 后开始左行，碰到 I0.2 后返回初始步，停止运动。根据 Q0.0 和 Q0.1 状态的变化，显然一个工作周期可以分为左行、暂停和右行三步，另外还应设置等待起动的初始步，并分别用 S0.0～S0.3 来代表这四步。起动按钮 I0.0 和限位开关的常开触点、T37 延时接通的常开触点是各步之间的转换条件。

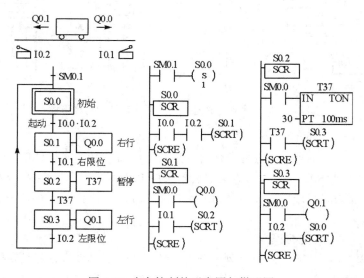

图 4-2　小车控制的示意图与梯形图

首次扫描时 SM0.1 的常开触点接通一个扫描周期，使顺序控制继电器 S0.0 置位，初始步变为活动步。按下起动按钮 I0.0，SCRT S0.1 指的线圈得电，使 S0.1 变为 1 状态，S0.0 变为 0 状态，系统从初始步转换到右行步，转为执行 S0.1 对应的 SCR 段。在该段中，因为 SM0.0 一直为 1 状态，其常开触点闭合，Q0.0 的线圈得电，小车右行。碰至右限位开关时，I0.1 的常开触点闭合，将实现右行步 S0.1 到暂停步的转换。定时器 T37 用来暂停步，持续 3s。延时时间到 T37 的常开触点接通，使系统由暂停步转换到左行步 S0.3，直到返回初始步。

2. 选择序列的分支编程方法与并行序列的分支编程方法

（1）选择序列的分支编程方法

图 4-3 中步 S0.0 之后有一个选择序列的分支，当它是活动步，并且转换条件 I0.0 得到满足，后续步 S0.1 将变为活动步，S0.0 变为不活动步。如果步 S0.0 为活动步，并且转换条件 I0.2 得到满足，后续步 S0.2 将变为活动步，S0.0 变为不活动步。当 S0.0 为 1 状态时，它对应的 SCR 段被执行，此时若转换条件 I0.0 为 1 状态，该程序段中的指令"SCRT S0.1"被执行，将转换到步 S0.1。若 I0.2 的常开触点闭合，将执行指令"SCRT S0.2"，转换到步 S0.2。

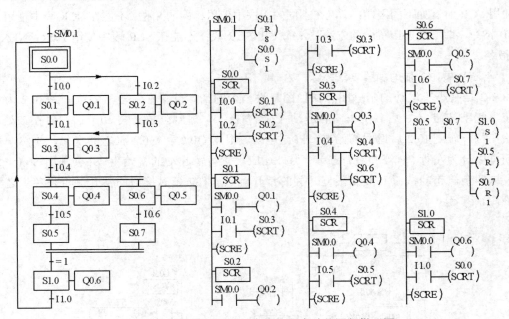

图 4-3　选择序列与并行序列的顺序功能图与梯形图

（2）选择序列的合并的编程方法

图 4-3 中，步 S0.3 之前有一个选择序列的合并，当步 S0.1 为活动步（S0.1 为 1 状态），并且转换条件 I0.1 满足，或步 S0.2 为活动步，并且转换条件 I0.3 满足，步 S0.3 都应变为活动步。在步 S0.1 和步 S0.2 对应的 SCR 段中，分别用 I0.1 和 I0.3 的常开触点驱动"SCRT S0.3"指令，就能实现选择序列的合并。

（3）并行序列的分支的编程方法

图 4-3 中步 S0.3 之后有一个并行序列的分支，当步 S0.3 是活动步，并且转换条件 I0.4 满足，步 S0.4 与步 S0.6 应同时变为活动步，这是用 S0.3 对应的 SCR 段中 I0.4 的常开触点同时驱动指令"SCRT S0.4"和"SCRT S0.6"来实现的。与此同时，S0.3 被自动复位，步 S0.3 变为不活动步。

（4）并行序列的合并的编程方法

步 S1.0 之前有一个并行序列的合并，因为转换条件为 1（总是满足），转换实现的条件是所有的前级步（即步 S0.5 和 S0.7）都为活动步。由此可知，应使用以转换为中心的编程方法，S0.5、S0.7 的常开触点串联，来控制 S1.0 的置位，S0.5、S0.7 的复位，从而使步 S1.0 变为活动步，步 S0.5、S0.7 变为不活动步。

【例 4-1】某轮胎内硫化机可编程序控制器控制系统的顺序功能图和梯形图如图 4-4 所示。一个工作周期由初始、合模、反料、硫化、放汽和开模 6 步组成，它们分别与 S0.0～S0.5 相对应。

在反料和硫化阶段，Q0.2 为 1 状态，蒸汽进入模具。在放汽阶段，Q0.2 为 0 状态，放出蒸汽，同时 Q0.3 使"放汽"指示灯亮。反料阶段允许打开模具，硫化阶段则不允许。急停按钮 I0.0 可以停止开模，也可以将合模改为开模。在运行中发现"合模到位"和"开模到位"限位开关（I0.1 和 I0.2）的故障率较高，容易出现合模、开模已到位，但是相应电动机不能停机的现象，甚至可能损坏设备。为了解决这个问题，在程序中设置了诊断和报警功能，在开模或合模时，用 T40 延时，在正常情况下，开、合模到位时，T40 的延时时间还没到就被复位，所以它不起作用。限位开关出现故障时，T40 使系统进入报警步 S0.6，开模或合模电动机自动断电，同时 Q0.4 接通报警装置，操作人员按复位按钮 I0.5 后解除报警。

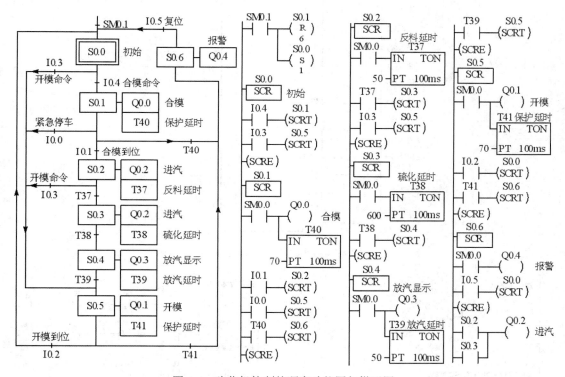

图 4-4　硫化机控制的顺序功能图与梯形图

4.1.4　任务实施与运行

4.1.4.1　实施

1. 硬件接线图

根据机械手控制系统 I/O 地址分配，PLC 控制电路如图 4-5 所示。

2. 程序设计

机械手控制系统梯形图如图 4-6 所示。

4.1.4.2　运行

（1）接线。按图接线，检查电路的正确性，确定连接无误。

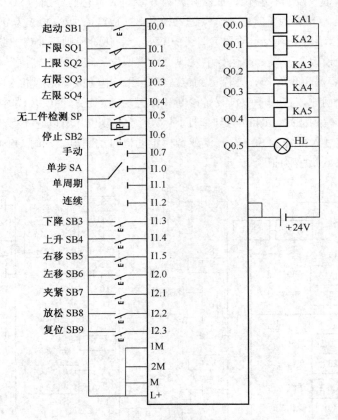

图 4-5　机械手控制系统接线图

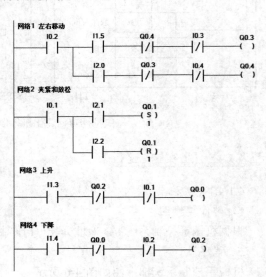

主程序梯形图　　　　　　　　　　手动程序梯形图（子程序 0）

图 4-6　机械手控制系统梯形图

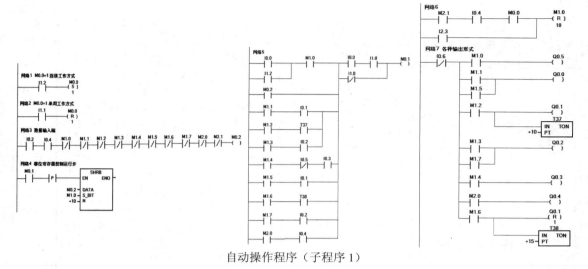

自动操作程序（子程序 1）

图 4-6　机械手控制系统梯形图（续图）

（2）调试及排障。

1）在断电状态下，连接好 PC/PPI 电缆。

2）打开 PLC 的前盖，将运行模式开关拨到 STOP 位置，此时 PLC 处于停止状态，或者单击工具栏中的 STOP 按钮，可以进行程序编写。

3）在作为编程器的 PC 上，运行 STEP 7-Micro/WIN32 编程软件。

4）用菜单命令"文件"→"新建"，生成一个新项目；用菜单命令"文件"→"打开"，打开一个已有的项目；用菜单命令"文件"→"另存为"，可修改项目的名称。

5）用菜单命令"PLC"→"类型"，设置 PLC 的型号。

6）设置通信参数。

7）编写控制程序。

8）单击工具栏中的"编译"按钮或"全部编译"按钮来编译输入的程序。

9）下载程序文件到 PLC。

10）将运行模式选择开关拨到 RUN 位置，或者单击工具栏的"RUN（运行）"按钮使 PLC 进入运行方式，观察运行情况。

【评价单】

考核项目	考核点	权重	考核标准			得分
			A（1.0）	B（0.8）	C（0.6）	
任务分析（15%）	资料收集	5%	能比较全面地提出需要学习和解决的问题，收集的学习资料较多	能提出需要学习和解决的问题，收集的学习资料较多	能比较笼统地提出一些需要学习和解决的问题，收集的学习资料较少	
	任务分析	10%	能根据产品用途，确定功能和技术指标。产品选型实用性强，符合企业的需要	能根据产品用途，确定功能和技术指标。产品选型实用性强	能根据产品用途，确定功能和技术指标	

续表

考核项目	考核点	权重	考核标准 A（1.0）	考核标准 B（0.8）	考核标准 C（0.6）	得分
方案设计（20%）	系统结构	7%	系统结构清楚，信号表达正确，符合功能要求			
	器件选型	8%	主要器件的选择，论证充分，能够满足功能和技术指标的要求，按钮设置合理，操作简便	主要器件的选择能够满足功能和技术指标的要求，按钮设置合理	主要器件的选择，能够满足功能和技术指标的要求	
	方案汇报	5%	PPT 简洁、美观、信息量丰富，汇报条理性好，语言流畅	PPT 简洁、美观、内容充实，汇报语言流畅	有 PPT，能较好地表达方案内容	
详细设计与制作（50%）	硬件设计	10%	PLC 选型合理，电路设计正确，元件布局合理、美观，接线图走线合理	PLC 选型合理，电路设计正确，元件布局合理，接线图走线合理	PLC 选型合理，电路设计正确，元件布局合理	
	硬件安装	8%	仪器、仪表及工具的使用符合操作规范，元件安装正确规范，布线符合工艺标准，工作环境整洁	仪器、仪表及工具的使用符合操作规范，少量元件安装有松动，布线符合工艺标准	仪器、仪表及工具的使用符合操作规范，元件安装位置不符合要求，有 3～5 根导线不符合布线工艺标准，但接线正确	
	程序设计	22%	程序模块划分正确，流程图符合规范、标准，内容完整	程序结构清晰，内容完整		
	程序调试	10%	调试步骤清楚，目标明确，有调试方法的描述。调试过程记录完整，有分析，结果正确。出现故障有独立处理能力	程序调试有步骤，有目标，有调试方法的描述。调试过程记录完整，结果正确	程序调试有步骤，有目标。调试过程有记录，结果正确	
技术文档（5%）	设计资料	5%	设计资料完整，编排顺序符合规定，有目录			
学习汇报（10%）		10%	能反思学习过程，认真总结学习经验	能客观总结整个学习过程的得与失		
项目得分						
学生姓名			日期		项目得分	
总结						

任务 2　自动分拣系统安装与调试

4.2.1　任务要求

4.2.1.1　项目说明

本项目以工业自动化分拣机为设计蓝本；包含了井道式下料机、检测传输机、换向机构和电动滑台分拣机等模块；可实现多种目标工件的多种参数检测及分拣入库等功能。

项目涵盖了光电、电感、电容、磁性、直线位移共 5 种常用传感器，覆盖开关量、模拟量、脉冲等 3 种信号类别。项目包含开关量传感器检测项目和直线位移传感器闭环控制项目，旨在培养学生系统综合设计能力和团队合作能力。自动分拣系统示意图如图 4-7 所示。

图 4-7　自动分拣系统示意图

4.2.1.2　任务引入

应用 PLC 技术实现自动分拣控制。

4.2.1.3　甲方要求

（1）料仓自动供料

（2）物料传送与分类

（3）自动分拣与仓储

【任务单】

项目名称	自动分拣系统安装与调试	任务名称	自动分拣系统安装与调试
学习小组		指导教师	
小组成员			
工作任务			
任务要求			
1. 能对控制系统功能进行分析，归纳出控制要求，确定 PLC 的 I/O 分配；			
2. 能绘制 PLC 控制电路图；			
3. 能完成 PLC 控制电路的接线安装；			

4. 能按照控制要求编写控制程序；

5. 能根据基本指令编写相应的梯形图程序；

6. 能够熟练把梯形图转换为语句表；

7. 能够将程序输入 PLC；

8. 能完成 PLC 控制系统的调试、运行和分析，对出现的控制故障能进行处理解决

工作过程

1. 任务分析，获得相关资料和信息；

2. 方案设计，讨论设计出硬件连接及程序设计；

3. 安装调试；

4. 教师总结并评定成绩；

5. 讨论、总结、反思学习过程，各小组汇报学习体会，总结学习方法；

6. 提交报告，工作单、材料归档整理

学习资源

1. 多媒体课件

2. PLC 实训台

3. 常用电工仪表

4. 操作手册及相关网站

知识拓展

1. 步进电机、位移传感器的技术规范；

2. 步进电机、位移传感器技术指标的检测；

4.2.2 任务分析与设计

4.2.2.1 构思

1. 控制元件

起动按钮：起动控制系统

停止按钮：停止控制系统

限位开关：元件与单元位置检测

物料检测传感器：物料材质检测

直线位移传感器：电动滑台位移检测

2. 被控对象

直流电动机：传送带控制

步进电机：电动滑台移动控制

电磁阀：气动推送装置控制

3. 工作原理

当各单元处于初始位置时，按下起动按钮，料仓自动供料，将物料送入传送带，传送带自动起动，在传输过程中进行物料材质检测，通过换向装置将物料送入电动滑台，步进电机正向旋转，拖动电动滑台移动；根据物料材质判断仓储滑道，当电动滑台移动到指定位置时自动停止，起动气动推送装置，将物料送入相应仓储滑道，并自动返回初始位置。

4.2.2.2　设计

1. I/O 分配

自动分拣系统 I/O 分配如表 4-3 所示。

表 4-3　自动分拣系统 I/O 分配

输入		输出	
名称	地址	名称	地址
起动	I0.0	步进电动机	Q0.0
停止	I0.1	换向控制输出	Q0.2
复位	I0.2	传送带电机	Q0.3
急停	I0.3	送料气缸电磁阀	Q0.4
料仓底部工件检测	I0.4	换向气缸电磁阀	Q0.5
传输机工件检测	I0.5	分拣气缸电磁阀	Q0.6
上材质检测	I0.6	停止指示灯	Q0.7
下材质检测	I0.7	运行指示灯	Q1.0
电动滑台原点检测	I1.3		
送料气缸缩回检测	I1.0		
换向气缸缩回检测	I1.1		
分拣气缸缩回检测	I1.2		
送料气缸到位检测	I1.5		
换向气缸到位检测	I1.6		
分拣气缸到位检测	I1.7		
直线位移传感器	AIW0		

2. PLC 选型

根据 PLC 选型原则，本项目选用 S7-200 CPU226 DC/DC/DC，由于需要进行位移模拟量检测，CPU224 无法直接处理模拟量，因此系统组态模拟量输入扩展模块 EM231。

【方案设计单】

项目名称	自动分拣系统安装与调试		任务名称	自动分拣系统安装与调试
方案设计分工				
子任务	提交材料		承担成员	完成工作时间
PLC 机型选择	PLC 选型分析			
低压电器选型	低压电器选型分析			
位置传感器选型	位置传感器选型分析			
电气安装方案	图纸			
方案汇报	PPT			

学习过程记录					
班级		小组编号		成员	

说明：小组每个成员根据方案设计的任务要求，进行认真学习，并将学习过程的内容（要点）进行记录，同时也将学习中存在的问题进行记录

方案设计工作过程			
开始时间		完成时间	

说明：根据小组每个成员的学习结果，通过小组分析与讨论，最后形成设计方案

结构框图	
原理说明	
关键器件型号	
实施计划	
存在的问题及建议	

4.2.3 相关知识

4.2.3.1 PLC 控制系统设计的基本原则

任何一种电气控制系统都是为了实现被控对象（生产设备或生产过程）的工艺要求，以提高生产效率和产品质量。因此，在设计 PLC 控制系统时，应遵循以下基本原则：

（1）PLC 的选择除了应满足技术指标的要求外，还应重点考虑该公司产品的技术支持与售后服务的情况。一般在国内应选择在所设计系统本地有着较方便的技术服务机构或较有实力的代理机构的公司产品，同时应尽量选择主流机型。

（2）最大限度地满足被控对象的控制要求。设计前，应深入现场进行调查研究、搜集资料，并与机械部分的设计人员和实际操作人员密切配合，共同拟定电气控制方案，协同解决设计中出现

的各种问题。

（3）在满足控制要求的前提下，力求使控制系统简单、经济，使用及维修方便。

（4）保证控制系统的安全、可靠。

（5）考虑到生产的发展和工艺的改进，在选择 PLC 容量时，应适当留有裕量。

（6）对于不同的用户要求的侧重点有所不同，设计的原则应有所区别。如果以提高产品产量和安全为目标，则应将系统可靠性放在设计的重点，甚至考虑采用冗余控制系统；如果要求系统改善信息管理，则应对系统通信能力与总线网络设计加以强化。

4.2.3.2　系统设计的主要内容

PLC 控制系统是由 PLC 与用户输入、输出设备连接而成的，用以完成预期的控制目的与相应的控制要求。因此，PLC 控制系统设计的基本内容包括以下几方面：

（1）根据生产设备或生产过程的工艺要求，以及所提出的各项控制指标与经济预算，首先进行系统的总体设计。

（2）根据控制要求基本确定数字 I/O 点和模拟量通道数，进行 I/O 点初步分配，绘制 I/O 使用资源图。

（3）进行 PLC 系统配置设计，主要为 PLC 的选择。PLC 是 PLC 控制系统的核心部件，正确选择 PLC 对于保证整个控制系统的技术经济性能指标起着重要的作用。选择 PLC 应包括机型的选择、容量的选择、I/模块的选择、电源模块的选择等。

（4）选择用户输入设备（按钮、操作开关、限位开关、传感器等）、输出设备（继电器、接触器、信号灯等执行元件）以及由输出设备驱动的控制对象（电动机、电磁阀等）。

（5）设计控制程序，在深入了解与掌握控制要求、主要控制的基本方式以及应完成的动作、自动工作循环的组成、必要的保护和联锁等方面情况之后，对较复杂的控制系统，可用状态流程图的形式全面地表达出来。必要时还可将控制任务分成几个独立部分，这样可化繁为简，有利于编程和调试。程序主要包括绘制控制系统流程图、设计梯形图、编制语句表程序清单。

（6）了解并遵循用户要求，重视人机界面的设计，增强人机间的友好关系。设计操作台、电气柜及非标准电器元部件。编写设计说明书及使用说明书。

控制程序是控制整个系统工作的条件，是保证系统工作正常、安全、可靠的关键。因此，控制系统的设计必须经过反复调试、修改，直到满足要求为止。

4.2.3.3　PLC 控制系统设计与调试的主要步骤

PLC 控制系统的设计与调试步骤如图 4-8 所示。其中：

（1）深入了解和分析被控对象的工艺条件和控制要求。被控对象是指受控的机电设备、生产线或生产过程等。控制要求主要指控制的基本方式、应完成的动作、自动工作循环的组成、必要的保护与联锁等。对较复杂的控制系统，还可将控制任务分成几个独立部分，化整为零，有利于编程和调试。

（2）确定 I/O 设备。根据被控对象对 PLC 控制系统的功能要求，确定系统所需的用户输入器件、输出器件及由输出期间驱动的控制对象。在 PLC 控制系统中常用的输入器件有按钮、选择开关、行程开关、传感器等；常用的输出器件有继电器、接触器、指示灯、电磁阀。当确定输出器件后，就可以确定输出电源的种类、电压等级及容量。

（3）选择合适的 PLC 类型。根据已确定的用户 I/O 设备，统计所需的输入和输出信号的点数，按照既要充分发挥 PLC 的性能，又要在 PLC 的 I/O 点和内存留有余量的前提下来选择合适类型的 PLC。并按照控制要求，选择合适的 A/D、D/A、I/O、电源模块及显示模块等。一般情况下，I/O 点数应考虑实际应用的 10%左右的备用量，内存容量一般要留有实际运行程序的 25%左右的备用量。

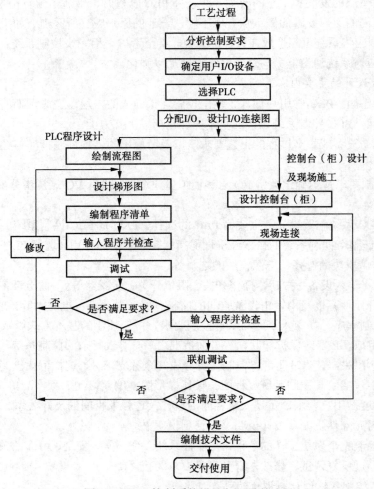

图 4-8　PLC 控制系统设计与调试的步骤

（4）I/O 地址分配。进行输入/输出点的分配，并编址输入/输出的分配表或者绘制 PLC 系统外部接线图。为便于程序设计，也可以将定时器、计数器、内部辅助继电器等元器件按类编址表格，写出元器件名、设定值及具体作用。

（5）设计应用系统的 PLC 梯形图程序。所谓编程，是根据工作功能图标或状态流程图等设计出梯形图的过程。这一步是整个系统设计的核心部分，也是比较困难的一步。要设计梯形图，首先要十分熟悉控制要求，同时还要有一定的电气设计的实践经验。

（6）将程序输入 PLC。将程序输入 PLC 有两种方法：一是用简易编程器输入；二是用带编程软件的计算机通过数据线下载到 PLC。在使用简易编程器将程序输入 PLC 时，需要先将梯形图转换为指令语句表，以便于输入，这种方法比较麻烦，现在基本不用。利用编程软件在计算机上编程时，可以通过连接计算机和 PLC 的电缆将程序直接下载到 PLC 中，这种方法应用居多。

（7）软件调试。程序输入 PLC 后，应先进行模拟调试工作。因为在程序设计过程中，难免会有疏漏的地方。因此在将 PLC 连接到现场设备上之前，必须进行软件调试，以排除程序中的错误。另外，软件调试时，可以对工作过程中可能出现的各种故障进行模拟，以优化程序。同时软件调试也为整体调试打好了基础，缩短了整体调试的周期。再者，一般编程软件都提供监控功能，可以利用监控功能进行软件调试。

（8）现场调试。在以上步骤完成后，就可以进行整个系统的联机调试了。如果控制系统由几个部分组成，则应先做局部调试，然后再整体调试；如果控制程序的步序较多，则可先进行分段调试，然后再整体调试。在调试中发现的问题，要逐一排除，直至调试成功。另外，在调试中可以整定一些需要调整的参数让其符合工艺要求中的技术指标。注意，现场调试一定要在软件调试通过后进行，以避免不必要的麻烦。

（9）编制技术文件。整理好电气控制原理图、PLC 软件清单、设备清单、电器元件布置图、电器元件明细表、操作说明书、调试流程步骤等系统技术文件，为系统交付使用及售后服务做好准备。

4.2.3.4　PLC 控制系统硬件设计

随着 PLC 控制的普及与应用，PLC 产品的种类和数量越来越多，而且功能也日趋完善。近年来，从美国、日本、德国等国引进的 PLC 产品及国内厂家组装或自行开发的产品已有几十个系列、上百种型号。目前，在国内应用较多的主要包括：美国 AB、GE、Modicon 公司，德国西门子公司，日本 OMRON、三菱等公司的 PLC 产品。因此，PLC 的品种繁多，其结构形式、性能、容量、指令系统、编程方法、价格等各有自身的特点，选用场合也各有侧重。因此，合理选择 PLC，对于提高 PLC 控制系统的技术经济指标起着重要的作用。

选择恰当的 PLC 产品去控制一台机器或一个过程时，不仅应考虑应用系统目前的需求，还应考虑到那些包含于工厂未来发展目标的需要。如果能够考虑到未来的发展将会用最小的代价对系统进行革新和增加新功能。若考虑周到，则存储器的扩充需求也许只要再安装一个存储器模块即可满足；如果具有可用的通信口，应该能满足增加一个外围设备的需要。对局域网的考虑可允许在将来单个控制器集成为一个厂级通信网。若未能合理估计现在和将来的目标，PLC 控制系统会很快变为不适宜和过时的。

1. PLC 机型的选择

对于工艺过程比较固定、环境条件较好（维修量较小）的场合，往往选用整体式结构的 PLC 机型。反之，应考虑选用模块单元式机型。机型选择的基本原则应是在功能满足要求的前提下，保证可靠、维护使用方便以及最佳的功能价格比。

对于开关量控制为主，带有部分模拟量控制的应用系统，如工业生产中常遇到的温度、压力、流量、液位等连续量的控制，应选用带有 A/D 转换的模拟量输入模块和带 D/A 转换的模拟量输出模块，配接相应的传感器、变送器（对温度控制系统可选用温度传感器直接输入的温度模块）和驱动装置，并且选择运算功能较强的小型 PLC。特别应提出的是，西门子公司的 S7-200 系列微型 PLC 在进行小型 D/A 混合系统控制时具有较高的性能价格比，实施起来也较方便。

对于比较复杂、控制系统功能要求较高的，如需要 PID 调节、闭环控制、通信联网系统功能时，可选用中、大型 PLC，如西门子公司的 S7-300、S7-400 等。当系统的各个部分分布在不同的地域时，应根据各部分的要求来选择 PLC，以组成一个分布式的控制系统，可考虑选择 Modicon 的 Quantum 系列 PLC 产品。

一个大企业，应尽量做到机型统一。因为同一机型的 PLC，其模块可互为备用，便于备品备件的采购和管理。这不仅使模块通用性好，减少备件量，而且给编程的维护带来极大的方便，也给扩展系统升级留有余地。其功能及编程方法统一，有利于技术力量的培训、技术水平的提高和功能的开发；其外围设备通用，资源可共享，配以上位计算机后，可把控制各独立系统的多台 PC 连成一个多级分布式控制系统，相互通信、集中管理。

在考虑上述性能后，还要根据工程应用实际，考虑其他一些因素。这些因素包括性能价格比、备品备件的统一考虑，技术支持等。总之，在选择系统机型时，应按照 PLC 本身的性能指标对号入座，选择出合适的系统。有时这种选择并不是唯一的，需要在几种方案中综合各种因素做出选择。

2．PLC 容量估算

PLC 容量包括两个方面：一是 I/O 的点数，二是用户存储器的容量。

（1）I/O 点数的估算

根据被控对象的输入信号和输出信号的总点数，并考虑到今后调整和扩充，一般应加上 10%～15%的备用量。

（2）用户存储器容量的估算

用户应用程序占用多少内存与许多因素有关，如 I/O 点数、控制要求、运算处理量、程序结构等。

3．PLC 输入/输出模块的选择

输入模块的确定：PLC 的输入模块用来检测来自现场（按钮、行程开关、温控开关等）的高电平信号，并将其转换为 PLC 内部的低电平信号。

各类 PLC 所提供的输入模块，其点数一般有 8、12、16、32 点等不同规格。选择输入模块主要考虑模块的输入电压等级。根据现场输入信号（按钮、行程开关）与 PLC 输入模块距离的远近来选择不同电压规格的模块。一般 24V 以下属低电平，其传输距离不宜太远，如 12V 电压模块一般不超过 10m。距离较远的设备选用较高电压模块比较可靠。

输出模块的确定：输出模块的任务是将 PLC 内部低电平的控制信号，转换为外部所需电平的输出信号，以驱动外部负载。输出模块有三种输出方式：继电器输出、双向晶闸管输出、晶体管输出。这几种输出形式均有各自的特点，用户可根据系统的要求加以确定。

输入电流的选择：模块的输出电流必须大于负载电流的额定值，如果负载电流较大，输出模块不能直接驱动时，应增加中间放大环节。对于电容性负载、热敏电阻负载，考虑到接通时有冲击电流，要留有足够裕量。

允许同时接通的输出点数：在选用输出模块时，不但要看一个输出点的驱动能力，还要看整个输出模块的满负载能力，即输出模块同时接通点数的总电流值不得超过模块规定的最大允许电流。

模拟量输入、输出单元的选择：模拟量输入、输出单元用来感知传感器产生的信号。模拟量输入、输出单元用来测量流量、温度和压力的数值，并用于控制电压或电流输出设备。典型单元量程为 -10～+10V、0～10V、4～20mA 或 10～50mA。

模拟量输入、输出单元一般有多种规格可供选用，其中最主要的是通道数量，如一入一出、三入一出等，应根据需要确定。由于模拟量单元一般价格较高，应准确确定所需资源，不宜留有太多的裕量。在确定模拟量输入、输出单元时，另一个重要指标就是精度问题，应根据系统控制精度恰当地选择单元精度，模拟量输入、输出单元一般精度较高，通常可达到 12 位左右。

4.2.3.5　PLC 控制系统软件设计

根据 PLC 系统硬件结构和生产工艺要求以及软件规格说明书，使用相应的编程语言指令编制实际应用程序并形成程序说明书的过程就是程序设计。

　　PLC 程序设计一般分为以下几个步骤：程序设计前的准备工作；功能框图设计；编写程序；程序测试；编写程序说明书。

　　1. 程序设计前的准备工作

　　了解系统概况，形成整体概念：这一步工作主要是通过系统设计方案和软件规格说明书，了解控制系统的全部功能、控制规模、控制方式、输入和输出信号的种类和数量、是否有特殊功能接口、与其他设备关系、通信内容与方式等。如果没有对整个控制系统的全面了解，就不能对各种控制设备之间的相互联系有真正的理解，造成想当然地进行程序编制，这样的程序肯定是无法实际远行的。

　　熟悉被控对象，编制高质量的程序：这一部分工作是通过熟悉生产工艺说明书和软件规格说明书来进行的。可把控制要求根据控制功能分类，并确定输入信号检测设备、控制设备、输出信号控制装置的具体情况，深入细致地了解每一个检测信号和控制信号的形式、功能、规模，它们之间的关系和预见以后可能出现的问题，使程序设计有的放矢。在熟悉被控对象的同时，还要认真借鉴前人在程序设计中的经验和教训，总结各种问题的解决方法。总之，在程序设计之前，掌握的东西越多，对问题思考得越深入，程序设计就会越顺利。

　　充分地利用各种软件编程环境：目前各 PLC 主流产品都配置了功能强大的编程环境，如西门子公司的 STEP7\Modicon 公司的 Concept、三菱公司的 GX Doveloper 软件等，可从很大程度减轻软件编制的工作强度，提高编程效率和质量。

　　2. 功能框图设计

　　这项工作主要是根据软件规格说明书的总体要求和控制系统的具体情况,确定用户程序的基本结构、程序设计标准和结构框图，然后再根据工艺要求，绘制出各个功能单元的详细功能框图。系统功能框图应尽量做到模块化，一般最好按功能采取模块化设计方法，因此相应的功能框图也应依次绘制，并规定其各自应完成的功能，然后再绘制图中各模块内部的细化功能图。功能框图是编程的主要依据，要尽可能地准确，细化功能图尽可能地详细。如果功能框图是由别人设计的，一定要设法弄清楚其设计思想和方法。完成这部分工作之后就会对系统全部程序设计的功能实现有了一个整体认识。

　　3. 编写程序

　　编写程序就是根据设计出的功能框图与细化功能图编写控制程序,这是整个程序设计工作的核心部分。如果有编程支持软件应尽量使用。在编写程序的过程中，可以借鉴现代化的标准程序，但必须能读懂这些程序段，否则将会给后续工作带来困难和损失。另外，编写程序过程中要及时对编写出的程序进行注释，以免忘记它们之间的相互关系。

　　4. 程序测试

　　程序测试是整个程序设计工作中一项很重要的内容，它可以初步检查程序的实际效果。程序测试和程序编写分不开,程序的许多功能是在测试中得以修改和完善的。测试可以按照功能单元进行，各功能单元达到要求后再进行整体测试。程序测试可以离线进行，也可以在线进行，在线进行一般不允许直接与外围设备连接，以避免重大事故发生。

　　5. 编写程序说明书

　　程序说明书是程序设计的综合说明。编写程序说明书的目的就是便于程序的设计者与现场工程技术人员进行程序调试与程序修改工作，它是程序文件的组成部分。程序说明书一般应包括程序设计的依据、程序的基本结构、各功能单元分析、各参数的来源与设定、程序设计与调试的关键点等。

4.2.3.6 PLC 控制系统可靠性设计

PLC 是专门为工业生产服务的控制装置，通常不需要采取什么措施，即可直接在工业环境使用。但是，当生产环境过于恶劣、电磁干扰特别强烈或安装使用不当，都不能保证 PLC 的正常运行，因此使用时应注意以下问题：

1. 工作环境

温度：PLC 要求环境温度为 0～55℃。安装时不能放在发热量大的元件下面，四周通风散热的空间应足够大，基本单元和扩展单元之间要有 30mm 以上间隔；开关柜上、下部应有通风的百叶窗，防止太阳光直接照射；如果周围环境起过 55℃，要安装电风扇，强制通风。

湿度：为了保证 PLC 的绝缘性能，空气的相对湿度应小于 85%（无凝露）。

振动：应使 PLC 远离剧烈的振动源，防止振动频率为 10～55Hz 的频繁或连续振动。当使用环境不可避免振动时，必须采取减振措施，如采用减振胶等。

电源：PLC 供电电源为 50Hz、220V（1±10%）V 的交流电。对于电源带来的干扰，PLC 本身具有足够的抵制能力。对于可靠性要求很高的场合或电源干扰特别严重的环境，可以在电源输入端串接 LC 滤波电路。

2. 安装与布线

动力线、控制线以及 PLC 的电源线和 I/O 线应分别配线，隔离变压器与 PLC 和 I/O 之间应采用双绞线连接。

PLC 应远离强干扰源，如电焊机、大功率硅整流装置和大型动力设备，不能与高压电器安装在同一个开关柜内。

PLC 的输入与输出最好分开走线，开关量与模拟量也要分开铺设。模拟量信号的传送应采用屏蔽线，屏蔽层应一端或两端接地，接地电阻应小于屏蔽层电阻 1/10。

PLC 基本单元与扩展单元以及功能模块的连接电缆应单独铺设，以防外界信号干扰。

交流输出线和直流输出线不要用同一根电缆，输出线应尽量远离高压线和动力线，避免并行。

3. I/O 端的接线

输入接线：输入接线一般不要超过 30m。但如果环境干扰较小，电压降不大时，输入接线可适当长些。

输入/输出线不能用同一根电缆，输入/输出线要分开。

尽可能采用动合触点形式连接到输入端，使编制的梯形图与继电器原理图一致，便于阅读。

输出端接线分为独立输出和公共输出。在不同组中，可采用不同类型和电压等级的输出电压。但同一组中的输出只能用同一类型、同一电压等级的电源。

由于 PLC 的输出元件被封装在印制电路板上，并且连接至端子板。若将连接输出元件的负载短路，将烧毁印制电路板，因此，应用熔断器保护输出元件。

采用继电器输出时，所承受的电感性负载的大小，会影响到继电器的工作寿命，因此使用电感性负载时选择的继电器工作寿命要长。

PLC 的输出负载可能产生干扰，因此要采取措施加以控制，如直流输出的续流管保护、交流输出的阻容吸收电路、晶体管及双向晶闸管输出的旁路电阻保护。

4. 外部安全电路

为了确保整个系统能在安全状态下可靠工作，避免由于外部电源发生故障、出现异常、误操作以及误输出而造成的重大经济损失和人身伤亡事故，PLC 外部应安装必要的保护电路。

急停电路：对于能对用户造成伤害的危险负载，除了在控制程序中加以考虑外，还应设计外部紧急停车电路，使 PLC 发生故障时，能将引起伤害的负载电源可靠切断。

保护电路：正反向运转等可逆操作的控制系统，要设置外部电器互锁保护；往复运行及升降移动的控制系统，要设置外部限位保护电路。

PLC 有监视定时器等自检功能，检测出异常时，输出全部关闭。但当 PLC 的 CPU 出故障时就不能控制输出，因此，对于能对用户造成伤害的危险负载，为确保设备在安全状态下运行，需设计外电路加以防护。

重大故障的报警及防护：对于易发生重大事故的场所，为了确保控制系统在重大事故发生时仍能可靠地报警及防护，应将与重大故障有联系的信号通过外电路输出，以使控制系统在安全状况下运行。

5. PLC 的接地

良好的接地是保证 PLC 可靠工作的重要条件，可以避免偶然发生的电压冲击危害。PLC 的接地线与机器的接地端相接，接地线的截面积应不小于 $2mm^2$，接地电阻小于 100Ω；如果要用扩展单元，其接地点应与基本单元的接地点接在一起。为了抑制加在电源及输入端、输出端的干扰，应给 PLC 接上专用地线，接地点应与动力设备（如电动机）的接地点分开；若达不到这种要求，也必须做到与其他设备公共接地，禁止与其他设备串连接地。接地点应尽可能靠近 PLC。

6. 冗余系统与热备用系统

在石油、化工、冶金等行业的某些系统中，要求控制装置有极高的可靠性。如果控制系统发生故障，将会造成停产、原料大量浪费或设备损坏，给企业造成极大的经济损失。但是仅靠提高控制系统硬件可靠性来满足上述要求是远远不够的，因为 PLC 本身可靠性的提高是有一定限度的。使用冗余系统或热备用系统就能够比较有效地解决上述问题。

在冗余控制系统中，整个 PLC 控制系统（或系统中最重要的部分，如 CPU 模块）由两套完全相同的系统组成，两块 CPU 模块使用相同的用户程序并行工作，其中一块是主 CPU，另一块是备用 CPU，主 CPU 工作时，备用 CPU 的输出是被禁止的，当主 CPU 发生故障时，备用 CPU 自动投入，这一切换过程是由冗余处理单元 RPU 控制的。切换时间在 1～3 个扫描周期，I/O 系统的切换也是由 RPU 完成的。

在热备用系统中，两台 CPU 用通信接口连接在一起，均处于通电状态，当系统出现故障时，由主 CPU 通知备用 CPU，使备用 CPU 投入运行。这一切换过程一般不太快，但它的结构要比冗余系统简单。

4.2.4　任务实施与运行

4.2.4.1　实施

1. 硬件接线图

根据自动分拣系统 I/O 地址分配，PLC 控制电路如图 4-9 所示。

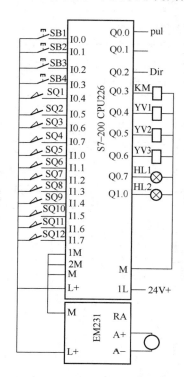

图 4-9　自动分拣系统硬件接线图

2．程序设计

自动分拣系统梯形图如图 4-10 所示。

（1）主程序

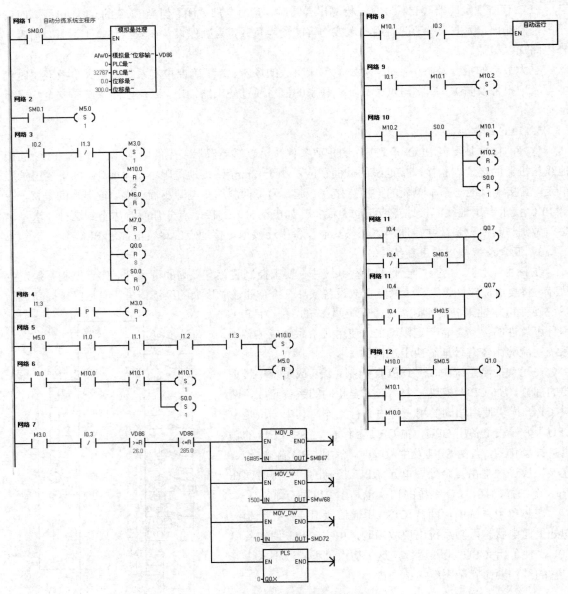

图 4-10　自动分拣系统梯形图

（2）模拟量处理子程序

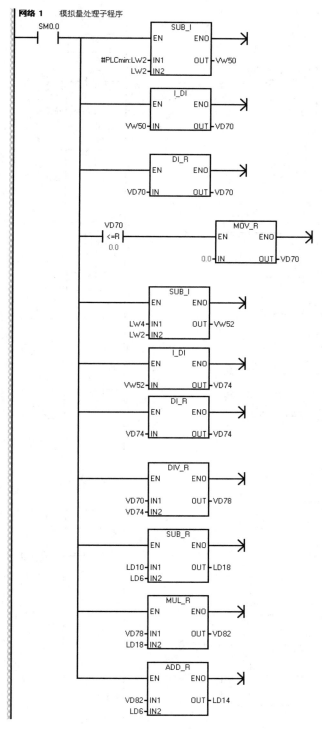

图4-10　自动分拣系统梯形图（续图）

（3）自动运行子程序

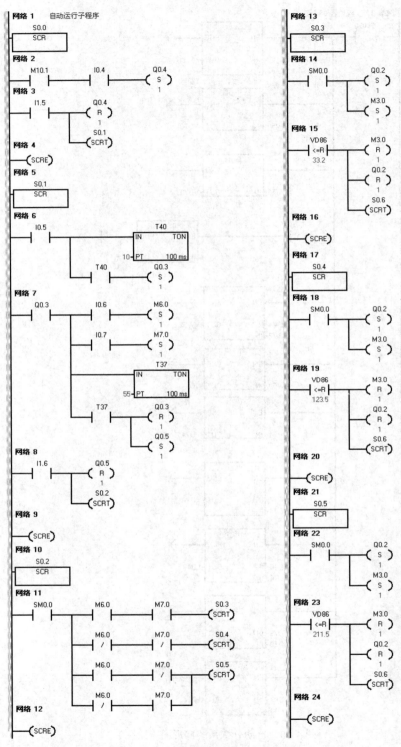

图 4-10　自动分拣系统梯形图（续图）

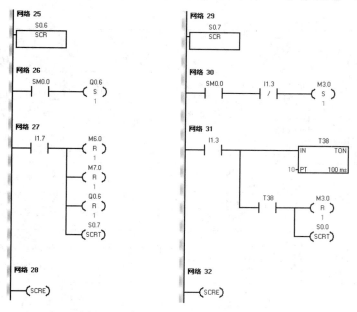

图 4-10　自动分拣系统梯形图（续图）

4.2.4.2　运行

（1）接线。按图接线，检查电路的正确性，确定连接无误。

（2）调试及排障。

1）在断电状态下，连接好 PC/PPI 电缆。

2）打开 PLC 的前盖，将运行模式开关拨到 STOP 位置，此时 PLC 处于停止状态，或单击工具栏中的 STOP 按钮，可以进行程序编写。

3）在作为编程器的 PC 上，运行 STEP 7-Micro/WIN32 编程软件。

4）用菜单命令“文件”→“新建”，生成一个新项目；用菜单命令“文件”→“打开”，打开一个已有的项目；用菜单命令“文件”→“另存为”，可修改项目的名称。

5）用菜单命令“PLC”→“类型”，设置 PLC 的型号。

6）设置通信参数。

7）编写控制程序。

8）单击工具栏中的“编译”按钮或“全部编译”按钮来编译输入的程序。

9）下载程序文件到 PLC。

10）将运行模式选择开关拨到 RUN 位置，或者单击工具栏的“RUN（运行）”按钮使 PLC 进入运行方式，观察运行情况。

【评价单】

考核项目	考核点	权重	考核标准			得分
			A（1.0）	B（0.8）	C（0.6）	
任务分析（15%）	资料收集	5%	能比较全面地提出需要学习和解决的问题，收集的学习资料较多	能提出需要学习和解决的问题，收集的学习资料较多	能比较笼统地提出一些需要学习和解决的问题，收集的学习资料较少	

考核项目	考核点	权重	考核标准			得分
			A（1.0）	B（0.8）	C（0.6）	
任务分析（15%）	任务分析	10%	能根据产品用途，确定功能和技术指标。产品选型实用性强，符合企业的需要	能根据产品用途，确定功能和技术指标。产品选型实用性强	能根据产品用途，确定功能和技术指标	
方案设计（20%）	系统结构	7%	系统结构清楚，信号表达正确，符合功能要求			
	器件选型	8%	主要器件的选择，论证充分，能够满足功能和技术指标的要求，按钮设置合理，操作简便	主要器件的选择能够满足功能和技术指标的要求，按钮设置合理	主要器件的选择，能够满足功能和技术指标的要求	
	方案汇报	5%	PPT 简洁、美观、信息量丰富，汇报条理性好，语言流畅	PPT 简洁、美观、内容充实，汇报语言流畅	有 PPT，能较好地表达方案内容	
详细设计与制作（50%）	硬件设计	10%	PLC 选型合理，电路设计正确，元件布局合理、美观，接线图走线合理	PLC 选型合理，电路设计正确，元件布局合理，接线图走线合理	PLC 选型合理，电路设计正确，元件布局合理	
	硬件安装	8%	仪器、仪表及工具的使用符合操作规范，元件安装正确规范，布线符合工艺标准，工作环境整洁	仪器、仪表及工具的使用符合操作规范，少量元件安装有松动，布线符合工艺标准	仪器、仪表及工具的使用符合操作规范，元件安装位置不符合要求，有 3～5 根导线不符合布线工艺标准，但接线正确	
	程序设计	22%	程序模块划分正确，流程图符合规范、标准，内容完整	程序结构清晰，内容完整		
	程序调试	10%	调试步骤清楚，目标明确，有调试方法的描述。调试过程记录完整，有分析，结果正确。出现故障有独立处理能力	程序调试有步骤，有目标，有调试方法的描述。调试过程记录完整，结果正确	程序调试有步骤，有目标。调试过程有记录，结果正确	
技术文档（5%）	设计资料	5%	设计资料完整，编排顺序符合规定，有目录			
学习汇报（10%）		10%	能反思学习过程，认真总结学习经验	能客观总结整个学习过程的得与失		
项目得分						
学生姓名			日期		项目得分	
总结						

附录 A
西门子 S7-200 PLC 的维护

为了保障系统的正常运行，定期对 PLC 进行检查和维护是必不可少的，而且还必须熟悉一般故障诊断和排除的方法。

1. 起动前的检查

在 PLC 控制系统设计完成以后，系统通电之前，建议对硬件元件和连接进行最后的检查，起动前的检查应遵循以下步骤：

（1）检查所有处理器和 I/O 模块，以确保它们均安装在正确的槽中，且安装牢固。

（2）检查输入电源，以确保其正确连接到供电（和变压器）线路上，且系统电源布线合理，并连到每个 I/O 机架上。

（3）确保连接处理器和每个 I/O 机架的每根 I/O 通信电缆是正确的，检查 I/O 机架地址分配情况。

（4）确保控制器模块的所有 I/O 导线连接正确，且安全连在端子上，此过程包括使用 I/O 地址分配表证实每根导线按该表的指定连至每个端子。

（5）确保输出导线存在，且正确连接在现场末端的端子上。

（6）为了尽可能安全，应当清除系统内存中以前存储的任何控制程序。如果控制程序存在于 EEPROM 中，应暂时移走该芯片。

2. 定期检查

尽管在设计 PLC 控制系统时，已考虑到最大可能减少维修工作量，但系统安装完毕投入运行后，也应考虑一些维护方面的问题。良好的维护措施，如果定期实行可大大减少系统的故障率。

PLC 的构成元器件以半导体器件为主体，考虑到环境的影响，随着使用时间的增长，元器件总是要老化的，因此定期检查与做好日常维护是非常必要的。预防性维护主要包括以下内容：

（1）定期清洗或更换安装于机罩内的空气过滤器。这样可确保为机罩内提供洁净的空气环流。对过滤器的维护不应推迟到定期机器维护的时候，而应该根据所在地区灰尘量定期进行。

（2）不应让灰尘和污物积在 PLC 元件上。为了散热，生产厂家一般不将 CPU 和 I/O 系统设计成可防尘的。若灰尘积在散热器和电子电路上，易使散热受阻，引起电路故障，而且，若有导电尘埃落在电路板上，则会引起短路，使电路板永久损坏。

（3）定期检查 I/O 模块的连接，确保所有的塞子、插座、端子板和模块连接良好，且模块安装牢靠。当 PLC 控制系统所处的环境经常有能松动端子连接的振动时，应当场作此项检查。

（4）注意不让产生强干扰的设备靠近 PLC 控制系统。

PLC 定期检查的内容如表 A-1 所示。

表 A-1　PLC 定期检修

序号	检修项目	检查内容	判断标准
1	供电电源	在电源端子处测量电压波动范围是否在标准范围内	电压波动范围：85%～110%供电电压
2	外部环境	环境温度 环境湿度 积尘情况	0～55℃ 35%～85%RH，不结露 不积尘
3	输入输出用电源	在输入输出端子处测电压变化是否在标准范围内	以各输入输出规格为准
4	安装状态	各单元是否可靠固定 电缆的连接器是否完全插紧 外部配线的螺钉是否松动	无松动 无松动 无松动
5	寿命元件	电池、继电器、存储器	以各元件规格为准

3. I/O 模块的更换

若需替换一个模块，用户应确认被安装的模块是同类型的。有些 I/O 系统允许带电更换模块，而有些则需切断电源。如替换后可解决问题，但在一相对较短时间后又发生故障，那么应注意检查能产生电压的感性负载，也许需要从外部抑制其电流尖峰。如果熔体在更换后又被烧断，则有可能是模块的输出电流超限，或输出设备被短路。

4. 日常维护

PLC 除了锂电池及继电器输出点外，基本没有其他易损元器件。锂电池的寿命大约 5 年，当锂电池的电压逐渐降低达到一定程度时，必须更换电池。更换锂电池的步骤为：

（1）在拆装前，应先让 PLC 通电 15s 以上，这样可使作为存储器备用电源的电容器充电，在锂电池断开后，该电容可对 PLC 做短暂供电，以保护 RAM 中的信息不丢失；

（2）断开 PLC 的交流电源；

（3）打开基本单元的电池盖板；

（4）取下旧电池，装上新电池；

（5）盖上电池盖板。

更换电池的时间要尽量短，一般不允许超过 3 分钟，如果时间过长，RAM 中的信息将消失。

5. PLC 控制系统的诊断与处理

（1）指示诊断

LED 状态指示器能提供许多关于现场设备、连接和 I/O 模块的信息。大部分输入/输出模块设有电源指示器和逻辑指示器。

对于输入模块，电源指示器显示表明输入设备处于受激励状态，模块中有信号存在。逻辑指示器显示表明输入信号已被输入电路的逻辑部分识别。如果逻辑和电源指示器不能同时显示，则表明模块不能正确地将输入信号传递给处理器。

输出模块的逻辑指示器显示时，表明模块的逻辑电路已识别出从处理器来的命令并接通。除了逻辑指示器外，一些输出模块还有一只熔体熔断指示器或电源指示器，或者二者兼有。熔体熔断指示器只表明输出电路中的保护性熔体的状态；输出电源指示器显示时，表明电源已加在负载上。像输入模块的电源指示器和逻辑指示器一样，如果不能同时显示，就表明输出模块有故障了。

（2）诊断输入故障

出现输入故障时，首先检查电源指示器是否响应现场元件（如按钮、行程开关等）。如果输入器件被激励（即现场元件已动作），而指示器不亮，则下一步就应检查输入端子的端电压是否达到正确的电压值。若电压值正确，则可替换输入模块。若逻辑指示器变暗，而且通过编程器监视到处理器（CPU）未扫描到输入，则输入模块可能存在故障。如果替换的模块并未解决问题且连接正确，则可能是 I/O 机架或通信电缆出了问题。

（3）诊断输出故障

出现输出故障时，首先应观察输出设备是否响应逻辑指示器。若输出触点通电，逻辑指示器变亮，输出设备不响应。那么，首先应该检查熔体或替换模块。若熔体完好，替换模块未能解决问题，则应检查现场接线。若通过编程器监视到 PLC 的一个输出已经接通，但相应的指示器不亮，则应替换模块。

在诊断 I/O 故障时，最佳方法是区分究竟是模块自身问题，还是现场连接上的问题。如果有电源指示器和逻辑指示器，模块故障易于发现。通常，先更换模块，或测量输入输出端子板两端电压测量值正确，模块不响应，则应更换模块。若更换后仍无效，则可能是现场连接出现了问题。输出设备截止，输出端间电压达到某一预定值，就表明现场连线有误。若输出器受激励，且 LED 指示器不亮，则应替换模块。

如果不能从 I/O 模块中查出问题，则应检查模块接插件是否接触不良或未校准。最后，检查接插件端子有无断线，模块端子上有无虚焊点。

（4）故障信号显示程序

可以通过编制一个程序来分类显示系统的故障，从而诊断出故障部位，其方法如下：将所有的故障检测信号按层次分成组，每组各包括几种故障，如对于多工位的机加工自动线的故障信号，可分成故障区域（单机号）、故障部件（动力头、滑台、夹具等）、故障元件 3 个层次。当具体的故障发生时，检查信号同时送往区域、部件、元件 3 个显示组，这样可指示故障发生在某区域、某部件、某元件上。

这种诊断方法显示出具体的故障元件，使判断、查找十分方便，提高了设备的维修效率，同时也节省 PLC 的显示输出点。

6．PLC 的故障查找方法及处理方法

（1）总体检查

根据总体检查流程图先找出故障点的大方向，再逐渐细化，以找出具体故障，如图 A-1 所示。

（2）电源故障检查

电源灯不亮需对供电系统进行检查，检查流程图如图 A-2 所示。

（3）运行故障检查

电源正常，运行指示灯不亮，说明系统已经因为某种异常而终止了正常运行，检查流程图如图 A-3 所示。

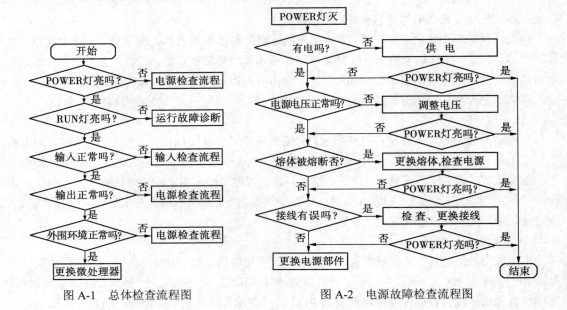

图 A-1　总体检查流程图　　　　　　　　　图 A-2　电源故障检查流程图

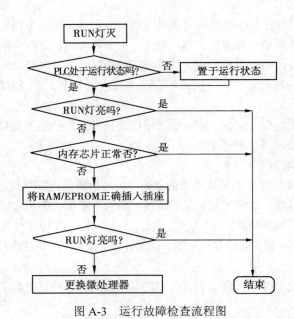

图 A-3　运行故障检查流程图

（4）输入/输出故障检查

输入/输出是 PLC 与外部设备进行信息交流的通道，其是否正常工作，除了和输入/输出单元有关外，还与连接配线、接线端子、保险管等元件状态有关。检查流程图如图 A-4 和图 A-5 所示。

（5）对外部环境的检查

影响 PLC 工作的环境因素主要有温度、湿度、噪声、粉尘以及腐蚀性酸碱等。

（6）故障的处理

PLC 的 CPU 装置、I/O 扩展装置常见故障的处理如表 A-2 所示。

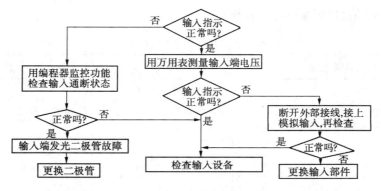

图 A-4　输入故障检查流程图

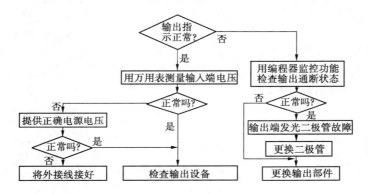

图 A-5　输出故障检查流程图

表 A-2　CPU 装置、I/O 扩展装置常见故障的处理

序号	异常现象	可能原因	处理方法
1	【POWER】LED 灯不亮	电压切换端子设定不良	正确设定切换装置
		熔体熔断	更换保险管
2	熔体多次熔断	电压切换端子设定不良	正确设定切换装置
		线路短路或烧坏	更换电源单元
3	【RUN】LED 灯不亮	程序错误	修改程序
		电源线路不良	更换 CPU 单元
		I/O 单元号重复	修改 I/O 单元号
		远程 I/O 电源管，无终端	接通电源
4	【运转中输出】端没闭合（【POWER】灯亮）	电源回路不良	更换 CPU 单元
5	某一编号以后的继电器不能动作	I/O 总线不良	更换基板单元
6	特定编号的输出（入）不能接通	I/O 总线不良	更换基板单元
7	特定单元的所有继电器不能接通	I/O 总线不良	更换基板单元

PLC 输入单元的故障处理如表 A-3 所示。

表 A-3　输入单元的故障处理

序号	异常现象	可能原因	处理方法
1	输入全部不接通（动作指示灯也灭）	未加外部输入电源	供电
		外部输入电压低	加额定电源电压
		端子螺钉松动	拧紧
		端子板连接器不良	把端子板补充插入、锁紧，或更换端子板连接器
2	输入部分断开（动作指示灯也灭）	输入回路不良	更换单元
3	输入全部不关断	输入回路不良	更换单元
4	特定继电器编号的输入不接通	输入器件不良	更换输入器件
		输入配线断线	检查输入配线
		端子螺钉松弛	拧紧
		端子板连接器接触不良	把端子板充分插入、锁紧或更换端子板连接器
		外部输入接触时间短	调整输入器件
		输入回路不良	更换单元
		程序的 OUT 指令中用了输入继电器编号	修改程序
5	特定继电器编号的输入不关断	输入回路不良	更换单元
		程序的 OUT 指令中用了输入继电器编号	修改程序
6	输入不规则的 ON/OFF 动作	外部输入电压低	使外部输入电压在额定值范围
		噪声引起的误动作	抗噪声措施：安装绝缘变压器，安装尖峰抑制器，用屏蔽线配线等
		端子螺钉松动	拧紧
		端子板连接器接触不良	把端子充分插入、锁紧或跟换端子板连接器
7	异常动作的继电器编号为 8 点单位	COM 端螺钉松动	拧紧
		端子板连接器接触不良	端子板充分插入、锁紧或跟换端子板连接器
		CPU 不良	更换 CPU 单元
8	输入动作指示灯不良（动作正常）	LED 坏	更换单元

PLC 输出单元的故障处理如表 A-4 所示。

表 A-4　输出单元的故障处理

序号	异常现象	可能原因	处理方法
1	输出全部不接通	未加负载电源	加电源
		负载电源电压低	使电源电压为额定值
		端子螺钉松动	拧紧
		端子板连接器接触不良	端子板补充插入、锁紧或更换端子板连接器
		熔体熔断	更换保险管
		I/O 总线接触不良	更换单元
		输出回路不良	更换单元
2	输出全部不关断	输出回路不良	更换单元
3	特定继电器编号的输出不接通（动作指示灯灭）	输出接通时间短	更换单元
		程序中的指令继电器编号重复	修改程序
		输出回路不良	更换单元
4	特定继电器编号的输出不接通（动作指示灯亮）	输出器件不良	更换输出器件
		输出配线断线	检查输出线
		端子螺钉松动	拧紧
		端子连接接触不良	端子充分插入、拧紧
		继电器输出不良	更换继电器
		输出回路不良	更换单元
5	特定继电器编号的输出不关断（动作指示灯灭）	输出继电器不良	更换继电器
		由于漏电流和残余电压而不能关断	更换负载或加设负载电阻
6	特定继电器编号的输出不关断（动作指示灯亮）	程序中 OUT 指令的继电器编号重复	修改程序
		输出回路不良	更换单元
7	输出出现不规则的 ON/OFF 现象	电源电压低	调整电压
		程序中 OUT 指令的继电器编号重复	修改程序
		干扰引起误动作	抗干扰措施：装抑制器，装绝缘变压器，用屏蔽线配线
		端子螺钉松动	拧紧
		端子连接接触不良	端子充分插入、拧紧
8	异常动作的继电器编号为 8 点单位	COM 端子螺钉松动	拧紧
		端子连接接触不良	端子充分插入、拧紧
		熔体熔断	更换保险管
		CPU 接触不良	更换 CPU 单元
9	输出正常指示灯不良	LED 坏	更换单元

参考文献

[1] 张运刚. 从入门到精通——西门子 S7-200 PLC 技术与应用. 北京：人民邮电出版社，2007.

[2] 西门子（中国）有限公司自动化与驱动集团. 深入浅出西门子 S7-200 PLC. 北京：北京航空航天大学出版社，2003.

[3] 西门子公司. SIMATI CS7-200 系统手册. 2008.

[4] 胡汉文. 电气控制与 PLC 应用. 北京：人民邮电出版社，2009.

[5] 张伟林. 电气控制与 PLC 综合应用技术. 北京：人民邮电出版社，2009.

[6] 冯宁. 可编程控制器技术应用. 北京：人民邮电出版社，2009.

[7] 李海波. PLC 应用技术项目化教程（S7-200）. 北京：机械工业出版社，2012.

[8] 陈丽. PLC 控制系统编程与实现. 北京：中国铁道出版社，2010.

[9] 廖常初. S7-200 PLC 编程及应用. 北京：机械工业出版社，2011.

[10] 王莉. PLC 应用技术. 北京：中国铁道出版社，2013.